U0113337

The Development Strategy of
China's Engineering Science and Technology for 2035

中国工程科技 2035发展战略

 仪器仪表领域报告

"中国工程科技2035发展战略研究"项目组

科学出版社

北 京

图书在版编目(CIP)数据

中国工程科技 2035 发展战略. 仪器仪表领域报告／"中国工程科技 2035 发展战略研究"项目组编. —北京：科学出版社，2019.6

ISBN 978-7-03-059692-5

Ⅰ.①中… Ⅱ.①中… Ⅲ.①科技发展—发展战略—研究报告—中国 ②仪器仪表工业—发展战略—研究报告—中国 Ⅳ.①G322 ②TH

中国版本图书馆 CIP 数据核字（2018）第 261728 号

丛书策划：侯俊琳　牛　玲
责任编辑：石　卉　纪四稳／责任校对：邹慧卿
责任印制：师艳茹／封面设计：有道文化
编辑部电话：010-64035853
E-mail: houjunlin@mail.houjunlin.com

科 学 出 版 社 出版
北京东黄城根北街 16 号
邮政编码：100717
http://www.sciencep.com

中国科学院印刷厂 印刷
科学出版社发行　各地新华书店经销

*

2019 年 6 月第 一 版　开本：720×1000　1/16
2019 年 6 月第一次印刷　印张：5 1/2
字数：108 000

定价：65.00 元
（如有印装质量问题，我社负责调换）

中国工程科技 2035 发展战略研究
联合领导小组

组　长： 周　济　杨　卫

副组长： 赵宪庚　高　文

成　员（以姓氏笔画为序）：

王长锐	王礼恒	尹泽勇	卢锡城	孙永福
杜生明	李一军	杨宝峰	陈拥军	周福霖
郑永和	孟庆国	郝吉明	秦玉文	柴育成
徐惠彬	康绍忠	彭苏萍	韩　宇	董尔丹
黎　明				

联合工作组

组　长： 吴国凯　郑永和

成　员（以姓氏笔画为序）：

孙　粒	李艳杰	李铭禄	吴善超	张　宇
黄　琳	龚　旭	董　超	樊新岩	

项目办公室

主　任：吴国凯　郑永和

成　员（以姓氏笔画为序）：

孙　粒　李艳杰　张　宇　黄　琳　龚　旭

工　作　组

组　长：王崑声

副组长：黄　琳　龚　旭　周晓纪

成　员（以姓氏笔画为序）：

丁淑富	马　飞	王亚琼	王宏伟	王晓俊
王爱红	王海风	左家和	白　雁	刘　奕
安　达	孙　粒	孙胜凯	李冬梅	李铭禄
李憑峰	但智钢	宋　超	张　勇	张　莉
张　健	张　博	张文韬	陈进东	范桂梅
周　源	宗玉生	胡良元	侯超凡	袁建华
夏登文	唐海英	黄海涛	崔　剑	梁桂林
董　超	满　璇	裴　钰	阚晓伟	谭宗颖
樊新岩	魏　畅			

中国工程科技 2035 发展战略·仪器仪表领域报告
编 委 会

顾　问：金国藩

主　任：尤　政

副主任（以姓氏笔画为序）：

　　王　雪　庄松林　刘文清　孙优贤　吴幼华

　　程　京　谭久彬

成　员（以姓氏笔画为序）：

　　王　东　王　刚　王文海　王晓庆　年夫顺

　　伊　彤　刘　俭　刘辰光　刘建国　苏宏业

　　张　莉　张学典　张泉灵　陈臻懿　赵嘉昊

　　闻路红　秦永清　桂华侨　褚小立

工 作 组

成　员（以姓氏笔画为序）：

　　李淑慧　张　莉　邵珠峰

总　　序

科技是国家强盛之基，创新是民族进步之魂，而工程科技是科技向现实生产力转化过程的关键环节，是引领与推进社会进步的重要驱动力。当前，中国特色社会主义进入新时代，党的十九大提出了2035年基本实现社会主义现代化的发展目标，要贯彻新发展理念，建设现代化经济体系，必须把发展经济的着力点放在实体经济上，把提高供给体系质量作为主攻方向，显著增强我国经济质量优势。我国作为一个以实体经济为主带动国民经济发展的世界第二大经济体，以及体现实体经济发展与工程科技进步相互交织、相互辉映的动力型发展体，工程科技发展在支撑我国现代化经济体系建设，推动经济发展质量变革、效率变革、动力变革中具有独特的作用。习近平总书记在2016年"科技三会"[①]上指出，"国家对战略科技支撑的需求比以往任何时期都更加迫切"，未来20年是中国工程科技大有可为的历史机遇期，"科技创新的战略导向十分紧要"。

2015年始，中国工程院和国家自然科学基金委员会联合组织开展了"中国工程科技2035发展战略研究"，以期集聚群智，充分发挥工程科技战略对我国工程科技进步和经济社会发展的引领作用，"服务决策、适度超前"，积极谋划中国工程科技支撑高质量发展之路。

---

① "科技三会"即2016年5月30日召开的全国科技创新大会、中国科学院第十八次院士大会和中国工程院第十三次院士大会、中国科学技术协会第九次全国代表大会。

第一，中国经济社会发展呼唤工程科技创新，也孕育着工程科技创新的无限生机。

创新是引领发展的第一动力，科技创新是推动经济社会发展的根本动力。当前，全球科技创新进入密集活跃期，呈现高速发展与高度融合态势，信息技术、新能源、新材料、生物技术等高新技术向各领域加速渗透、深度融合，正在加速推动以数字化、网络化、智能化、绿色化为特征的新一轮产业与社会变革。面向 2035 年，世界人口与经济持续增长，能源需求与环境压力将不断增大，而科技创新将成为重塑世界格局、创造人类未来的主导力量，成为人类追求更健康、更美好的生活的重要推动力量。

习近平总书记在 2018 年两院院士大会开幕式上讲到："我们迎来了世界新一轮科技革命和产业变革同我国转变发展方式的历史性交汇期，既面临着千载难逢的历史机遇，又面临着差距拉大的严峻挑战。"从现在到 2035 年，是将发生天翻地覆变化的重要时期，中国工业化将从量变走向质变，2020 年我国要进入创新型国家行列，2030 年中国的碳排放达到峰值将对我国的能源结构产生重大影响，2035 年基本实现社会主义现代化。在这一过程中释放出来的巨大的经济社会需求，给工程科技发展创造了得天独厚的条件和千载难逢的机遇。一是中国将成为传统工程领域科技创新的最重要战场。三峡水利工程、南水北调、超大型桥梁、高铁、超长隧道等一大批基础设施以及世界级工程的成功建设，使我国已经成为世界范围内的工程建设中心。传统产业升级和基础设施建设对机械、土木、化工、电机等学科领域的需求依然强劲。二是信息化、智能化将是带动中国工业化的最佳抓手。工业化与信息化深度融合，以智能制造为主导的工业 4.0 将加速推动第四次工业革命，老龄化社会将催生服务型机器人的普及，大数据将在城镇化过程中发挥巨大作用，天网、地网、海网等将全面融合，信息工程科技领域将迎来全新的发展机遇。三是中国将成为一些重要战略性新兴产业的发源地。在我国从温饱型社会向小康型社会转型的过程中，人民群众的消费需求不断增长，将创造令世界瞩目和羡慕的消费市场，并将在一定程度上引领全球消费市场及相关行业的发展方向，为战略性新兴产业的形成与发展奠定坚实的基础。四是中国将是生态、能源、资源环境、医疗卫生等领域工程科技创新的主战场。尤其是在页岩气开发、碳排放减量、核能利用、水污染治理、土壤修复等方面，未来 20 年中国需求巨大，给能源、节能环保、医疗保健等产业及其相关工程领域创造了难得的发展机遇。五是中国的国防现代化建设、航空航天技术与工程的跨越式发展，给工程科技领域提出了更多更高的要求。

为了实现 2035 年基本实现社会主义现代化的宏伟目标，作为与经济社会联系最紧密的科技领域，工程科技的发展有较强的可预见性和可引导性，更有可能在"有所为、有所不为"的原则下加以选择性支持与推进，全面系统地研究其发展战略显得尤为重要。

第二，中国工程院和国家自然科学基金委员会理应共同承担起推动工程科技创新、实施创新驱动发展战略的历史使命。

"工程科技是推动人类进步的发动机，是产业革命、经济发展、社会进步的有力杠杆。"[1] 习近平总书记在 2016 年"科技三会"上指出："中国科学院、中国工程院是我国科技大师荟萃之地，要发挥好国家高端科技智库功能，组织广大院士围绕事关科技创新发展全局和长远问题，善于把握世界科技发展大势、研判世界科技革命新方向，为国家科技决策提供准确、前瞻、及时的建议。要发挥好最高学术机

---

① 参见习近平总书记 2018 年 5 月 28 日在中国科学院第十九次院士大会和中国工程院第十四次院士大会上的讲话。

构学术引领作用，把握好世界科技发展大势，敏锐抓住科技革命新方向。"这不仅高度肯定了战略研究的重要性，而且对战略研究工作提出了更高的要求。同时，习近平总书记在 2018 年两院院士大会上指出，"基础研究是整个科学体系的源头。要瞄准世界科技前沿，抓住大趋势，下好'先手棋'，打好基础、储备长远"；"要加大应用基础研究力度，以推动重大科技项目为抓手"；"把科技成果充分应用到现代化事业中去"。

中国工程院是国家高端科技智库和工程科技思想库；国家自然科学基金委员会是我国基础研究的主要资助机构，也是我国工程科技领域基础研究最重要的资助机构。为了发挥"以科学咨询支撑科学决策，以科学决策引领科学发展"[①]的制度优势，双方决定共同组织开展中国工程科技中长期发展战略研究，这既是充分发挥中国工程院国家工程科技思想库作用的重要内容和应尽责任，也是国家自然科学基金委员会引导我国科学家面向工程科技发展中的科学问题开展基础研究的重要方式，以及加强应用基础研究的重要途径。2009 年，中国工程院与国家自然科学基金委员会联合组织开展了面向 2030 年的中国工程科技中长期发展战略研究，并决定每五年组织一次面向未来 20 年的工程科技发展战略研究，围绕国家重大战略需求，强化战略导向和目标引领，勾勒国家未来 20 年工程科技发展蓝图，为实施创新驱动发展战略"谋定而后动"。

第三，工程科技发展战略研究要成为国家制定中长期科技规划的重要基础，解决工程科技发展问题需要基础研究提供长期稳定支撑。

工程科技发展战略研究的重要目标是为国家中长期科技规划提供

---

① 参见中共中央办公厅、国务院办公厅联合下发的《关于加强中国特色新型智库建设的意见》。

有益的参考。回顾过去，2009 年组织开展的"中国工程科技中长期发展战略研究"，为《"十三五"国家科技创新规划》及其提出的"科技创新 2030—重大项目"提供了有效的决策支持。

党的十八大以来，我国科技事业实现了历史性、整体性、格局性重大变化，一些前沿方向开始进入并行、领跑阶段，国家科技实力正处于从量的积累向质的飞跃、由点的突破向系统能力提升的重要时期。为推进我国整体科技水平从跟跑向并行、领跑的战略性转变，如何选择发展方向显得尤其重要和尤其困难，需要加强对关系根本和全局的科学问题的研究部署，不断强化科技创新体系能力，对关键领域、"卡脖子"问题的突破作出战略性安排，加快构筑支撑高端引领的先发优势，才能在重要科技领域成为领跑者，在新兴前沿交叉领域成为开拓者，并把惠民、利民、富民、改善民生作为科技创新的重要方向。同时，我们认识到，工程科技的前沿往往也是基础研究的前沿，解决工程科技发展的问题需要基础研究提供长期稳定支撑，两者相辅相成才能共同推动中国科技的进步。

我们期望，面向未来 20 年的中国工程科技发展战略研究，可以为工程科技的发展布局、科学基金对应用基础研究的资助布局等提出有远见性的建议，不仅形成对国家创新驱动发展有重大影响的战略研究报告，而且通过对工程科技发展中重大科学技术问题的凝练，引导科学基金资助工作和工程科技的发展方向。

第四，采用科学系统的方法，建立一支推进我国工程科技发展的战略咨询力量，并通过广泛宣传凝聚形成社会共识。

当前，技术体系高度融合与高度复杂化，全球科技创新的战略竞争与体系竞争更趋激烈，中国工程科技 2035 发展战略研究，即是要面向未来，系统谋划国家工程科技的体系创新。"预见未来的最好办法，就是塑造未来"，站在现在谋虑未来、站在未来引导现在，将国家需求同工程科技发展的可行性预判结合起来，提出科学可行、具有中国特色的工程科技发展路线。

因此，在项目组织中，强调以长远的眼光、战略的眼光、系统的眼光看待问题、研究问题，突出工程科技规划的带动性与选择性，同时，注重研究方法的科学性和规范性，在研究中不断探索新的更有效的系统性方法。项目将技术预见引入战略研究中，将技术预见、需求分析、经济预测与工程科技发展路径研究紧密结合，采用一系列规范方法，以科技、经济和社会发展规律及其相互作用为基础，对未来 20 年科技、经济与社会协同发展的趋势进行系统性预见，研究提出面向 2035 年的中国工程科技发展的战略目标和路径，并对基础研究方向部署提出建议。

项目研究更强调动员工程科技各领域专家以及社会科学界专家参与研究，以院士为核心，以专家为骨干，组织形成一支由战略科学家领军的研究队伍，并通过专家研讨、德尔菲专家调查等途径更广泛地动员各界专家参与研究，组织国际国内学术论坛汲取国内外专家意见。同时，项目致力于搭建我国工程科技战略研究智能决策支持平台，发展适合我国国情的科技战略方法学。期望通过项目研究，不仅能够形成有远见的战略研究成果，同时还能通过不断探索、实践，形成战略研究的组织和方法学成果，建立一支推进工程科技发展的战略咨询力量，切实发挥战略研究对科技和经济社会发展的引领作用。

在支撑国家战略规划和决策的同时，希望通过公开出版发布战略研究报告，促进战略研究成果传播，为社会各界开展技术方向选择、战略制定与资源优化配置提供支撑，推动全社会共同迎接新的未来和发展机遇。

　　展望未来，中国工程院与国家自然科学基金委员会将继续鼎力合作，发挥国家战略科技力量的作用，同全国科技力量一道，围绕建设世界科技强国，敏锐抓住科技革命方向，大力推动科技跨越发展和社会主义现代化强国建设。

中国工程院院长：李晓红院士

国家自然科学基金委员会主任：李静海院士

2019 年 3 月

前　　言

随着经济全球化发展，世界经济格局产生了深刻变革，经历过全球金融危机之后，技术发达的主要工业国均将回归以制造业提振本国经济的发展战略。例如，美国提出先进制造概念，并发布了《美国先进制造业国家战略计划》，德国政府在《德国 2020 高技术战略》中提出工业 4.0 项目，英国政府推出《英国工业 2050 战略》。我国也发布了《中国制造 2025》。先进制造业的规模和水平已经成为衡量一个国家综合实力和生产力水平与民生保障能力的重要标志。

仪器仪表是智能制造、科学研究、环境监测、医疗健康、国防建设等领域必不可少的基础技术和装备核心，是实现国家创新驱动战略的重要支撑。面向数字化、网络化、智能化的新型仪器仪表的发展是实现测量信息智能感知、决策控制的重要手段，是智能制造装备的重要组成。仪器仪表的发展水平已经成为衡量一个国家创新水平、制造能力的重要标志。

本研究采用综合组牵头，前期子课题组开展分领域研究，中后期综合组集中开展研究的组织方式。课题组组织架构：综合组的顾问为金国藩院士，组长为尤政院士；子课题组的科学仪器组组长为庄松林院士，测试仪器组组长为谭久彬院士，医疗仪器组组长为程京院士，智能仪表组组长为孙优贤院士。

本研究采用德尔菲调查法，对面向 2035 年的仪器仪表领域工程科技做出技术预测并加以研判，结合面向 2035 年的科技发展趋势和发展需求的研究成果，提出 2035 年我国仪器仪表领域工程科技发展思路、战略目标、工程科技重点任务与发展路径、面向工程科技发展需要优先部署的基础研究方向、重大工程科技专项、重大工程、政策建议与措施等。

《中国工程科技 2035 发展战略·
仪器仪表领域报告》编委会
2019 年 6 月

目　　录

第一章
面向 2035 年的世界仪器仪表领域
工程科技发展展望

　　仪器仪表作为感知物理世界的终端工具，是制造系统、物联网等大规模复杂系统的"眼睛"、"鼻子"、"耳朵"和"皮肤"，是制造行业重要的关键核心技术之一。

　　仪器仪表作为科学研究和工业生产的基础支撑，将适应新的需求，产生新的测量方法。先进制造正向结构功能一体化、材料器件一体化方向发展，极端制造技术向极大（如航母、极大规模集成电路等）和极小（如微纳芯片等）方向迅速推进。人机共融的智能制造模式、智能材料与 3D 打印结合形成的 4D 打印技术，将推动工业品由大批量集中式生产向定制化分布式生产转变。面向 2035 年，这些新兴领域的长足发展，对仪器仪表测试精度和响应速度提出量级的变迁。

　　随着传感设备遍布全球，传感网络化技术连接着个体和群体，人工智能技术不断进入社会应用，传感器将成为人工智能连接物理世界的桥梁，使人工智能技术紧密融入人们的生活，甚至扩展为身体的一部分。以工业机器人为例，其中涉及的多种重要传感器包括三维视觉传感器、力扭矩传感器、碰撞检测传感器、安全传感器、触觉传感器等。传感器为机器人增加了感觉，为机器人高精度智能化的工作奠定了基础，让工业机器人越来越智能。

科学仪器则是探索深空、深海、深地以及生命科学等多尺度世界的引擎工具，是新材料、新能源等战略新兴产业发展的基础，是国防武器装备能力提升、战斗力提升的重要保障，是环境保护、食品安全、医疗卫生等社会发展的保障手段，特别是高端科学仪器为各个行业的基础研究取得突破性的进展提供了重要手段。

第一节　仪器仪表领域工程科技国际先进水平与前沿问题综述

一、国际先进水平

世界制造强国都将仪器仪表列为国家发展战略。随着科学技术的进步和国际竞争的加剧，仪器仪表不仅为本国的科技进步、国家安全、产业升级和民生健康提供技术保障和支撑，而且面向国际市场不断扩大其产业规模。美国是世界最大的仪器仪表制造强国，占全球仪器仪表产出的35%以上，其由政府及民间资助的科学研究项目带动工程科技的发展十分显著。因此，分析国际先进水平国家在仪器仪表方向的科技资助重点和领域，可分析出仪器仪表领域工程科技的国际先进水平和前沿问题。

（一）科学仪器领域

1. 前沿基础科学领域

继 2014 年诺贝尔化学奖授予光学显微领域的受激发射损耗显微镜技术（STED）和光开关定位显微术（PALM）之后，2017 年诺贝尔化学奖再次授予显微仪器领域的低温冷冻电镜技术，这突显了科学仪器在前沿基础科学领域的重要作用。科学仪器一直以来都是各个国家在前沿科学探索方面激烈竞争的重要领域。

　　以美国、德国、中国为例，这些国家设立的国家科学基金对科学仪器发展以不同形式设立了专项计划给予重点支持。美国国家科学基金会（NSF）以基金项目、合同和合作协议等形式，对美国 2000 多家学校、企业、非正式科研机构等进行资助，资助金额约占联邦政府对基础研究投入份额的 1/4，支持领域包括计算机科学、数学、物理科学、社会科学、环境科学、工程科学、生命科学等非医学领域的基础科学。根据 NSF 官网（https://www.nsf.gov）公布数据统计，2017 年 NSF 科学仪器资助计划如图 1-1 所示。

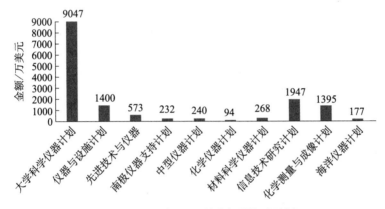

图 1-1　2017 年 NSF 科学仪器资助计划

　　德国科学基金会（DFG）设立了重大研究仪器项目和重大仪器创新项目对科学仪器提供资助。根据 DFG 官网（http://gepris.dfg.de）公布数据统计，2013 年，DFG 在重大研究仪器项目投入了 1.116 亿欧元，占总资助金额的 4.2%。

　　英国政府发布的《创造未来：2020 科学和研究愿景》，主要通过英国研究理事会来实施。文中认为，英国的基础研究设施是保持英国在国际研究领先地位的关键因素。

　　日本文部科学省（MEXT）直接制定的三个仪器研发计划，包括纳米科学领域的"Nanotech Japan 纳米材料研究仪器平台"、生命科学领域的"先进测量与分析仪器开发"计划和"高端基础研究科学仪器共享平台建设"计划。MEXT 制定这三个计划的目的在于组织科研机构和政府的力量，在最大范围内满足科研单位对科学仪器的需求；建立统一、牢固、有效的科学仪器基础，促进仪器的高效利用；进一步推进具有广泛应用前景的科学仪器布局，降低仪器使用成本和科研成本。

中国国家自然科学基金委员会（NSFC）设立的重大科学仪器研制项目计划等，对推动科学仪器在前沿基础科学领域的发展发挥了重要作用。NSFC 官方数据显示，为结合国家战略需求，推进重点领域跨越发展，NSFC 共资助"引力波相关物理问题研究"等重大项目 23 项，直接资助费用 3.5 亿元；结合国家重大需求和科学前沿，部署实施重大研究计划，启动"共融机器人基础理论及关键技术"等四个重大研究计划，计划直接资助费用 8 亿元。同时，科学技术部设立了国家重大科学仪器设备开发专项，重点推动国产仪器关键核心部件、高端通用仪器和专用重大仪器的产业发展。

2. 国防领域

世界主要大国都设立了面向国防工业发展的科学仪器发展计划。以美国为例，美国国防部（DoD）和美国国家航空航天局（NASA）分别发布了国防大学研究仪器设备计划（DURIP）和民用太空计划等，以提高高等教育机构在重要国防研究领域的科研能力，培养科学家和工程师，满足国防建设的需要。DoD 支持项目的应用领域覆盖全部军事领域，并将军用技术与民用技术发展相结合。NASA 所支持的项目多数与空间科学、地球科学相关，包括空间站、宇宙飞船、火箭等。

美国政府与军方高度重视国防科技创新的顶层谋划，2016 年逐步形成了以《国家创新战略》《国防科学技术战略》《国防创新倡议》及相关支撑性规划为核心的国防科技创新战略规划文件体系，并建立了国防科技创新战略制定的工作体系。这对美国国防科技的创新发展起到了重要的牵引和促进作用。其中，科学仪器发展是国防科技创新的重要环节。

俄罗斯积极推进创新发展战略，落实"国家技术创新"计划，初步提出以创新为导向的"工业 4.0"计划，实现技术飞跃和科技创新。英国国防部发布《国防创新纲要：通过创新取得优势》，从顶层勾画国防创新愿景和战略构想，主要围绕如何"通过创新维持优势"。这表明，英国正在敏锐探察全球科技走向，谋求未来军事技术优势。日本防卫省发布《2016年防卫技术中长期展望》等文件，规划了日本未来 20 年 18 个领域防卫技术和装备的发展方向与重点，反映了日本谋求防卫技术优势地位、通过技术创新带动防卫能力整体提升的战略意图。

3. 能源领域

美国能源部（DOE）科学办公室于 2003 年发布了《未来二十年重大科学装备计划》，作为全球首个宽范围、跨学科、跨国的科学装备计划，该计划为重大科学仪器设备、设施与装备提供了战略框架和发展思路，并为每年能源部的政策与资助决策提供指导方针。2011～2016 年 DOE 科学办公室与仪器相关的任务计划主要包括先进科学计算研究计划、基础能源科学计划、生物和环境研究计划、聚变能源科学计划、高能物理学计划以及核物理计划。这些计划主要支持与能源相关的各领域仪器研发、升级和维护。

欧盟在签署《巴黎气候协定》时承诺，在 2030 年之前减少 40% 的二氧化碳排放量。报告提出，2030 年前，欧盟总能源使用量减少 30%，包括减少能源浪费及更好地利用可再生能源。减少能源浪费的关键措施是革新老式建筑，提高能源效率，为此将实施"智能金融、智能建筑"计划——2020 年前募集 100 亿欧元进行建筑改造，2030 年前此项目总投入大约 1200 亿欧元。报告还提出，2030 年前，可再生能源比例占到总能源的 27%，其中 50% 的电力供应将来自可再生能源。《巴黎气候协定》的签订，深刻影响着各国工业发展途径，有关环境保护的分析仪器需求突出显现，成为未来绿色工业发展的重要支撑手段。

2016 年 12 月，中国国家发展和改革委员会国家能源局印发了《能源发展"十三五"规划》，明确提出超前谋划水电、核电发展，适度加大开工规模，稳步推进风电、太阳能等可再生能源发展。鉴于此，有关核电、风电等领域的科学仪器将会迅猛发展，成为新工业时代的重要趋势之一。

4. 科学仪器的国际标准制订

在经济全球化背景下，科学仪器的国际标准制订成为未来发展的又一重要趋势，也是科技发展激烈竞争的领域。美国对科学仪器的发展特别突出了标准的引领作用。美国国家标准与技术研究院（NIST）直属美国商务部，从事物理、生物和工程方面的基础与应用研究，以及测量技术和测试方法的研究。NIST 获得的国家重点资助体现在物理领域、纳米技术领域、电子通信领域以及环境/气候领域等。主要发达国家把争夺国际标准制高点作为战略核心，是因为控制和争夺国际标准可以为本国带来巨大的经济利益。

标准化问题对科学仪器的技术体系和人才体系都具有深刻影响。标准化每年为德国带来 160 亿欧元的经济效益，约占国民生产总值的 1%，标准化对经济的贡献率为 2.7%，是专利对经济贡献率的 9 倍。中国加入 WTO 后关税壁垒取消，但各国利用技术性贸易壁垒（TBT），即通过增加产品的技术标准指标来阻止中国产品的大量进口。我国现行的国家标准中，采用国际标准的比例不足 40%，而我国有 60% 的出口企业遭遇过国外技术性贸易壁垒，每年由此造成的直接和潜在经济损失约 500 亿美元（侯茂章，2010）。早在 2003 年，我国科学技术部就提出"人才、专利、技术标准"三大战略，但随着经济全球化的深刻融合发展，标准特别是国际标准对科学仪器的创新能力提升、市场培育和人才培养促进作用日益重要。

（二）医疗器械领域

国际上各发达国家在近年来对医疗器械领域或生物医学工程领域的发展越来越重视，各国都以不同形式对医疗器械、生命健康或生物医学工程等制定长期战略规划或中短期计划。

电子技术、新材料技术、3D 打印技术、传感器技术、计算机技术、数字化、智能化、互联网及大数据技术，成为近年来改变人们生活、产业生产制造模式、社会形态的驱动力和技术支撑。新技术涌现的大潮中，世界各国都在规划本国未来的发展重点和发展方向。其中健康与生命科学领域是各类新技术最先应用的聚焦点，因此成为各国关注和发展的重点。脑科学、基因检测、机器人、大数据、3D 打印等成为生命健康领域关注的热点。

美国提出的与健康和生命科学领域相关的科学技术发展规划，如2013 年的"脑科学计划"，2015 年的"精准医学计划"，2016 年的《美国机器人技术路线图：从互联网到机器人》等都提出了医疗器械领域工程技术的发展重点与方向。

欧盟于 2014 年启动"地平线 2020"计划，英国于 2014 年启动"十万基因组计划"，德国于 2013 年启动"个体化医学行动计划"，法国于 2015年发布"法国 – 欧洲 2020"战略规划，均确定了健康领域与医疗发展重点。

俄罗斯的《俄罗斯国家科技发展规划（2013—2020 年）》，日本的《2016年度科学技术白皮书》、《高龄社会白皮书》（2015 年），以色列的《2000—2010 年生物技术产业规划》也都规划了生命健康与医疗器械发展方向和重点。

另外，欧盟、日本、澳大利亚、加拿大、韩国和中国也提出了脑科学计划。

我国在《〈中国制造 2025〉重点领域技术路线图》（2015 版）、《"健康中国 2030"规划纲要》等都提出了未来医疗器械工程科技发展重点与方向。

世界各国科技计划重点不同，其预期成果有所差异，但有一点是基本一致的，那就是在新技术浪潮中，将在生命与健康领域涌现许多颠覆性的医疗器械产品。各国研究脑科学计划，一方面解决长期以来一直没有特别有效的方法来治疗脑疾病，如精神疾病、帕金森病、阿尔茨海默病等脑神经疾病的问题；另一方面脑科学研究成果，也可应用于智能机器人、军事等方面。

美国的"精准医学计划"、德国的"个体化医学研究行动计划"，其目的都是推进医学发展，以期未来对人们的健康与疾病治疗提供更好的有效保障。

欧盟的"地平线 2020"、日本的《2016 年度科学技术白皮书》、美国的《美国机器人技术路线图：从互联网到机器人》，从新技术推进方面促进医疗器械领域创新发展，以便在未来的市场竞争中占领先机。

（三）MEMS 领域

微机电系统（micro electro mechanical system，MEMS），一般是指利用集成电路（integrated circuit，IC）制造工艺以及微纳加工技术把机械结构与电路系统同时制造在芯片上的微型装置。广义上，MEMS 指的是一个独立的智能微系统，由传感器、执行器、微能源等部分构成，具备传感、处理、存储、传输、执行、供能等多种功能。目前，MEMS 已深入人们的日常生活当中，并正引领着下一波高科技的发展趋势。经过三十年的发展，全球 MEMS 领域已形成了年产值超过千亿美元的新兴产业，面对的则是万亿美元规模的广阔市场，世界强国无不把 MEMS 视为发展的重中之重。

目前，MEMS 领域的国际先进水平已从传统的硅微梁 / 膜 / 腔等微结构，以及硅微压力传感器、硅微谐振器、硅微加速度计、微镜、微开关等器件，向复杂的微型定位导航授时（micro-PNT）单元、MEMS 射频微系统、MEMS 能源微系统、Bio-MEMS 片上实验室（lab on a chip）、芯片级原子钟以及其他微机械-微电子-光电子综合集成微系统发展，突显系统层次集成创新的优势。

在惯性 MEMS 技术方面，美国国防高级研究计划局（DARPA）正大力推进的微型定位导航授时技术专项，就是利用基于 MEMS 技术的芯片级原子钟，以及新原理微型惯性器件来实现不依赖全球卫星导航系统（global navigation satellite system，GNSS）辅助的高精度微型惯性导航单元，以避免武器装备依赖于卫星导航技术而在战时面临失效的巨大风险。

在 RF MEMS 技术方面，美国 DARPA 及 NASA 从 20 世纪 90 年代末开始，结合弹载电子扫描阵列［（electronically scanned array，ESA），一般均指雷达（Radar）］应用，对 RF MEMS 技术开展了大量的研究，所支持的项目包括可重构孔径项目（RECAP）、低成本巡航导弹防御系统（LCCMD）、自适应 C4ISR 节点计划（CAN）、MEMS 天线（MEMS-Tenna）、芯片级系统（SOAC），已经研制出一系列的 RF MEMS 器件和微系统样机进行演示验证。

在 MEMS 微能源技术方面，各国均高度重视 MEMS 微能源的研究，并将其列入一系列重大计划。例如，美国 DARPA 制定了"MEMS Power Generation"计划；美国海军研究所等制定了"多能源环境供能系统"计划；美国空军研究实验室制定了"环境微能源供能系统"计划；欧盟也将 MEMS 微能源列入欧盟第六框架计划。

在 MEMS 微系统方面，芯片级原子钟、芯片卫星以及"智能灰尘"等是典型代表。美国 Symmetricom 公司先后获得 DARPA 资助，旨在研制体积和功耗比现有原子钟技术小两个数量级的样机。从项目之初体积约为 125 cm^3，功耗约为 8 W 的 X72 型相干布居数囚禁（coherent population trapping，CPT）原子钟，到后来体积缩小到 16 cm^3，功耗减小到 120 mW 而稳定性基本不变的芯片级原子钟（chip scale atomic clock，CSAC）——微型原子钟（Miniature Atomic Clock，MAC）。商用型 SA.45 s 原子钟在 2011 年研制成功，质量为 35 g，功耗为 115 mW，体积约为火柴盒大小，是目前世界上最小的商用原子钟。该产品可以用于 GPS 定时信号无法使用的地区，如深海潜水、矿产勘探和地震研究，同时极低的功耗使得该产品的续航时间远远超出同类产品。在军事上，该产品可以干扰路边炸弹，为友军通信提供支持。芯片卫星的概念来源于英国萨里大学提出的空间芯片（space chip）概念，由基于 SiGe 的 BiCMOS 工艺制作的单片集成空间芯片，质量小于 10 g，体积为 20 mm×20 mm×3 mm，具备太阳电池板、射频识别通信、数据处理、部分控制功能，以及 $2.5×10^{-5}$ cm^3 的最大负载容积。2011 年美国康奈尔大学的 Sprite 芯片卫星进行了空间环境试验，2013 年 Sprite 卫星群曾经计划发射，每个 Sprite 芯片卫星只有邮票大小。美国最早在 1998 年提出并资助"智能灰尘"（Smart Dust）项目，其目标是将通信、传感和控制等模块集成到一起，并使用微能源供电，利用微纳制造技术制作出体积为立方毫米量级的微型感知系统。该项目持续被资助，到 2017 年，密歇根大学研制出体积为 1.4 mm×2.8 mm×1.6 mm 的样品，但是该"灰尘"目前通信距离也为毫米量级，每天只能传输几位的信息。

二、前沿问题综述

分析各国在仪器仪表方向的资助项目，可以初步总结出仪器仪表领域目前关注的五大重点前沿问题。

1. 高灵敏度的"源"与"探测器"

现代测量检测仪器的优越性能往往依赖于特定的发射信号源及高灵敏度、低噪声的探测器。探索新型的发射信号源和探测器是该领域的前沿研究热点。

现代分析科学中，原位、实时、在线、非破坏、高通量、高灵敏度、高选择性、低耗损一直是测试仪器发展所追求的目标。开发高性能检测技术已迫在眉睫，而低噪声、高稳定性、宽质量范围、较低的质量歧视、长寿命、低成本将是检测技术发展中所要追求的目标。

2. MEMS 技术产业化前沿问题

由于 MEMS 的跨尺度特征尺寸，MEMS 的材料多样性、介质多相性以及光机电热等多能域耦合特性的存在，高可信度的 MEMS 正向设计方法在世界范围内还是一个亟待解决的前沿科学问题。

作为一个交叉学科领域，MEMS 技术还面临着制造与集成方面的关键技术问题，如单片集成、三维集成及异质集成，先进结构与先进材料的结合，晶圆级批量微纳制造及在线质控技术，多种材料混合集成制造的标准化技术，硅基/非硅微纳尺度的先进功能材料，MEMS 仿生技术等。另外，MEMS 产业化还面临着无法回避的环境适应性等应用方面的前沿问题。

3. 智能感知与仪器仪表智能化技术

发展传感器融合感知技术，实现振动、温度、压力、噪声、应变、图像等多参量的监测。多源自供电微功耗连续传感器，可以从根本上解决测量前端的电源供给问题，充分利用无线通信系统和网络平台，实现全天候、全空间的传感和监测，实现不受空间、环境限制的传感。

与人工智能方法相结合，突破一批关键的本体检测技术，提高仪器仪表本体的管控智能化程度，构建自诊断等高级智能功能；通过构建本体现场数据自动跟踪收集能力，实现仪器仪表全生命周期质量跟踪体系。

4. 量子化计量时代的新需求

2018 年第 26 届国际计量大会（CGPM）表决通过了修改部分国际单位制（SI）定义的决议。这是国际测量体系的 7 个基本单位第一次全部建立在不变的常数上，以量子物理为基础的自然基准取代实物基准，保证了国际单位制（SI）的长期稳定性。

仪器仪表作为计量的物质手段，将探索基于量子效应的高分辨、高可靠传感新原理研究，突破量子信号获取与处理关键技术，研制基于物理常数、脱离实物基准的基标准。

5. 光子和电子元件集成挑战

完成光子和电子元件集成这一挑战性任务将可能使系统芯片保持类似于摩尔定律的指数级性能增长。实现电子和光子元件的大尺寸集成，在芯片级实现光子和电子集成，有可能显著提升产品速度和性能。这将在降低成本的同时实现轻量化和高速化，为设备特别是分布式微型传感器等进一步小型化提供概念性进步的工程基础。

第二节　2035 世界仪器仪表领域工程科技发展图景

一、传感器及网络化技术与人工智能技术协同发展，构建新一代智能感知体系

面向 2035 年，大约有万亿数量级的传感器会被连接到互联网，无处

不在的传感器网络将获取实时数据，帮助人们充分认识环境并获取自己所需的信息，做出远程指令。

传感器将向微型化、数字化、智能化、多功能化、系统化、网络化发展。传感器网络将渗透到工业生产、宇宙开发、海洋探测、环境保护、资源调查、医学诊断、生物工程，甚至文物保护等极其广泛的领域。传感器融合感知技术与人工智能技术的结合，将推动跨媒体感知及无人系统的长足发展。边缘计算技术与传感器、MEMS 技术的融合，将实现传感器微系统技术的发展。

二、超精密测试技术成为绿色化、智能化生产的重要支撑

传统工程科技领域在新理论、新技术以及新学科的衍生与发展过程中得到快速发展，每相隔 30 年生产加工水平就可能提高 1 个数量级。与之相应的测量与测试仪器技术水平还要高于加工技术的发展水平。

光学测量技术成为高水平制造业的前沿技术代表。微型光纤传导激光干涉三维测量系统，光学干涉显微镜测量技术，位移测量干涉仪系统，光学显微成像技术，无损、快速、在线探伤检测技术，复杂几何参数测量与微/纳米坐标机技术等是在机械、电子、材料等工业制造领域，保障产业向绿色化、智能化发展的重要技术手段。

三、预防医学、临床医学、康复医学深度融合，对医学诊断器械提出新的挑战和机会

医学诊断仪器的发展早已突破了传统的物理、化学、生物等领域的技术方法，与计算机技术、微电子技术、网络信息化技术、组织工程学技术、精加工技术、仿生技术、人工智能技术等结合在一起，使得医学诊断器械使用更加便携、精确。现代医学加快向健康管理演变，疾病和健康风险诊断加快向早期发现、精确定量诊断、微创治疗、个体化治疗、智能化服务、家用化等方向发展。老龄化社会下的个体化健康管理将成为健康医疗器械行业发展的新挑战和新机会。

医学诊断器械技术将更趋向于模块化、系统化、集成化、网络化和数字化，医学影像技术、介入技术、遗传工程技术、人工器官、微电子技术、纳米技术、微流体芯片、干细胞技术、生物信息技术、计算机和具有生物功能的辅助设备创新将为医疗、保健、康复医学注入新活力，新一代智能化产品小型、迅速、便捷、数据记忆溯源可视化程度高，更加符合现代人群的使用场景。患者可通过一系列的可视化数据搭配医疗机构的专业分析来调整治疗策略，实现医疗资源线上线下整合优化。

四、MEMS 科研体系及产业生态链持续完善

面向 2035 年，全球 MEMS 领域已形成了超过千亿美元的新兴产业规模。MEMS 器件及微系统技术作为装备系统微型化、信息化和智能化的关键使能技术，到 2035 年世界范围内 MEMS 领域的相关市场规模将超过微电子 IC 芯片的市场规模，MEMS 器件、微系统等产品及相关衍生产品将融入社会经济的方方面面，形成万亿级规模的产业生态，而且 MEMS 将对人类的生产、生活产生深远的影响，甚至可能改变人们的思维方式和生活方式。

五、高端科学仪器装备保障基础研究取得突破性进展

高端科学仪器设备解决微米和纳米尺度的微观世界的测量问题，为量子物理、纳米科技、超材料和生物细胞学的不断发展，以及新材料、生命科学、空间利用、海洋开发、新能源等领域，提供分子级和原子级测试保障能力。

第二章
2035 年的中国——愿景与需求

根据全球经济环境发展趋势，可以预测 2035 年的中国需求，及其对仪器仪表发展的重要作用和广泛需求，主要的科技领域将体现在以下几个方面。

一、空间科学

开展针对重大空间科学问题的前沿探索与研究所需的重大科学仪器的研制，包括在黑洞、暗物质、暗能量和引力波的直接探测，太阳系的起源和演化，太阳活动对地球环境的影响及其预报以及地外生命探索等多方面，所需的重大科学仪器的研制，提升空间科学的研究水平，用重大科学成果提升人类文明发展和科学文化上的贡献度。

二、人口健康科技

美国人口普查局预测世界人口在 2035 年将达到 86 亿，2040 年将达到 89 亿。几乎所有的人口增长都将发生在当今世界的贫穷国家。因此，生命科学和生物技术领域等，对电子显微镜、成像系统等存在需求。同时创新药物的研究与开发，也是提高人口健康水平的重要支撑，药物的质量控制及品质鉴定需要仪器仪表，尤其是快速检测及在线检测仪器设备的保障。医疗健康科技将发展成为以电子技术、智能化技术、传感器技术、互联网技术、大数据技术、3D 打印技术等为主导的智慧医疗产业。

三、海洋科技

各国对能源和战略性矿产资源的需求，促使开发海洋丰富的油气资源、能源和矿产资源。国际社会发展对海洋科技提出较高要求，包括沿海居民的生存与发展、近海生态环境保护和污染治理、海洋灾害防治和预报、海岸带可持续发展等。在海洋资源探测、海洋环境保护中，各类气象、水文、海洋观测监测仪器以及环境监测仪器的使用将面临更艰巨的挑战，拥有更广阔的应用市场。

四、农业科技

未来 50 年，农业能否满足人类社会和经济发展的需求，科技进步将起到至关重要的作用。农业科技发展将会显著增加对农业通用分析仪器设备、电子光学仪器、质谱仪器、能谱与射线分析仪、光谱仪、色谱仪、波谱仪、电化学分析仪、物性分析仪、热学分析仪、显微镜及图像分析仪、颜色测量仪、综合分析系统、生命科学仪器、环境分析仪器的需求。

五、生物质资源科技

生物质资源是人类繁衍和发展的物质基础，既是地球上重要的资源宝库，也是一个国家重要的战略生物资源，除了人类现已利用的少部分生物质资源外，绝大部分有着更大经济和社会价值的生物质资源尚未被人类认识和利用。生物质资源终究将成为经济社会可持续发展和国家竞争力的基础。我国是全球生物质资源最丰富的国家之一，从我国国情出发，面向未来，综合考虑需求、资源、环境、科技和经济等多方面因素，明晰我国生物质资源未来 30～50 年科技发展路线对前瞻性部署我国经济社会发展具有重要战略意义。该领域主要需求为核磁共振相关仪器以及各种质谱联用仪等。

六、先进材料科技

我国将建成材料科学技术的完整创新体系，先进材料发展能够全面满足高新技术、可再生能源、生命与健康、环境保护的需求，支撑并引领人类经济社会发展。科学仪器是用于材料特性表征与工程应用不可缺少的重要工具，材料科学的发展必然带动仪器仪表创新，并拓展工程应用新领域。

七、现代化制造科技

数据和信息贯穿于生产制造全过程，面向现代工业制造的分布式网络化信息系统将助推工业制造自动化、信息化、智能化、服务化和生态化，先进的物联网和传感器相结合，使现代化工厂置身于物理、虚拟现实和信息环境。

数据和信息深入人类社会和经济建设各个领域，数据产生、采集、存储、分析和处理等技术，将使文本信息、音频与视频信息、工业传感器数据等不同来源的数据更加有序，通过数据库建设、人工智能与机器学习，将为未来的信息社会和智能制造提供更多的、更直接的信息和数据服务。

第三章
仪器仪表领域工程科技技术预见结果与发展能力分析

第一节 技术预见结果分析

一、德尔菲调查情况概述

工程科技 2035 仪器仪表跨领域技术预见工作，经过 2 轮技术清单修订，2 轮德尔菲问卷调查，共包含 6 个子领域，共 47 个技术方向（包含智能感知与人机交互 2 个技术方向），详见图 3-1。

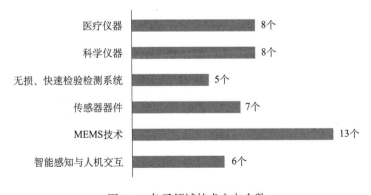

图 3-1　各子领域技术方向个数

    仪器仪表跨领域第一轮问卷调查，调查人数 1726 人，填报人数 215 人，专家参与度为 12.5%。共回收问卷 708 份，平均每项技术约有 15 位专家作答；第二轮问卷调查，调查人数 1863 人，填报人数 229 人，专家参与度为 12.3%。共回收问卷 2136 份，平均每项技术约有 45 位专家作答。问卷调查情况见表 3-1。

表 3-1　问卷调查情况

轮次	邀请人数	填报人数	参与度	问卷数	技术项平均问卷数
第一轮	1726	215	12.5%	708	15
第二轮	1863	229	12.3%	2136	45

    下面以第二轮调查结果为重点，进行分析。

    参与第二轮调查的专家主要由来自政府、重点高校、科研院所以及企事业单位的领域内专家构成，具体比例见图 3-2。

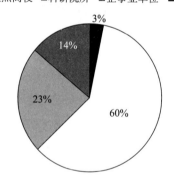

图 3-2　填卷专家单位类型构成

    回函专家熟悉程度分布见图 3-3。

    回收的问卷中，对所填报的技术项，45% 的回函专家选择"很熟悉"与"熟悉"，仅 1% 的专家选择"不熟悉"，鉴于不将"不熟悉"的回函计入统计分析，总体看回函具有一定专业性，初步统计分析有较高的参考价值。

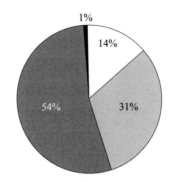

图 3-3 回函专家熟悉程度分布

二、仪器仪表领域技术实现时间分布

1. 预期实现时间分布

仪器仪表跨领域技术的世界技术实现时间、中国技术实现时间和中国社会实现时间见图 3-4。

所有技术预期世界技术实现时间为 2019～2026 年，主要集中在 2021～2023 年，约占全部技术的 78.72%。

中国技术实现时间预期为 2022～2030 年，主要集中在 2023～2027 年，有 44 项，约占全部技术的 93.62%。

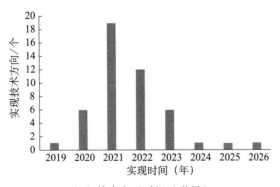

（a）技术实现时间（世界）

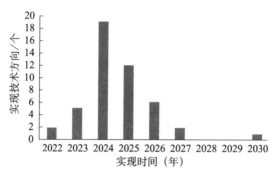

（b）技术实现时间（中国）

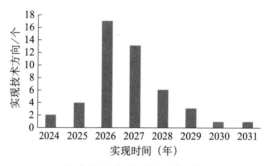

（c）社会实现时间（中国）

图 3-4 三类预期实现时间的比较分析

中国社会实现时间预期为2024～2031年，主要集中在2025～2029年，有 43 项，约占全部技术的 91.49%。

总体上来看，仪器仪表跨领域技术实现时间中国平均晚于世界 2～4 年，中国社会实现时间晚于技术实现时间 2 年。

2. 中国技术实现时间与世界技术实现时间跨度分析

在 47 项技术中，中国技术实现时间晚于世界技术实现时间平均 3 年。相差时间以 2～3 年的为主，占 78.72%（37/47），技术项数量与差距时间结果见图 3-5。

"高可信度 MEMS 系统级仿真与设计软件""复杂三维 MEMS 微米纳米功能单元的集成制造""MEMS 单片集成工艺与 IC 工艺高度融合"这几项技术的中国技术实现时间与世界技术实现时间差距为 5 年。上述技术，中国技术实现时间与世界技术实现时间的差距较大。

图 3-5　中国技术实现时间与世界技术实现时间差距

3. 中国技术实现时间与社会实现时间跨度分析

比较分析中国从技术实现到社会实现的时间跨度，范围是 1～3 年，平均为 2.17 年，相差时间以 2～3 年为主，占全部项目的 93.62%。结果见图 3-6。

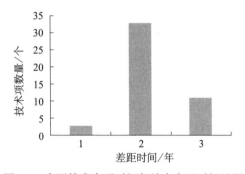

图 3-6　中国技术实现时间与社会实现时间差距

4. 技术实现时间与重要度综合分析

47 项技术的中国技术实现时间和技术重要性综合分析结果见图 3-7。

从预测分析中可以发现，MEMS 领域技术项目重要度总体处于较高水平，其中复杂三维 MEMS 微米纳米功能单元的集成制造、MEMS 专用集成电路（ASIC）重要度最高。智能感知与人机交互，无损、快速检验检测系统的技术基本在 2025 年前可实现。传感器器件、科学仪器的实现时间相对较晚，其余子领域的技术项目实现时间大多分布在 2023～2026 年。

三、仪器仪表领域技术发展水平与约束条件

整体来看，研发投入与人才队伍及科技资源是仪器仪表领域技术发展的主要制约因素。工业基础能力对传感器技术的制约因素较强。分析 6 个制约因素，可见仪器仪表领域制约性指数排序为：研发投入、人才队伍及科技资源、工业基础能力、标准规范、协调与合作、法律法规政策（图 3-8 ）。

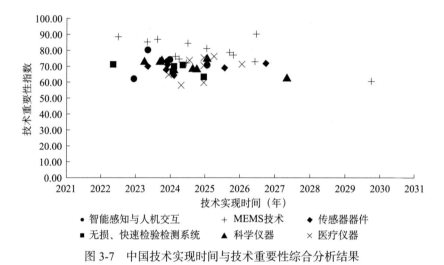

图 3-7　中国技术实现时间与技术重要性综合分析结果

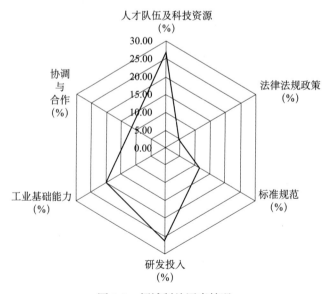

图 3-8　领域制约因素情况

1. 研发水平指数

仪器仪表领域各子领域技术方向研发水平指数分析结果见表 3-2。47 项技术研发水平指数的均值为 24.21。

表 3-2 各子领域技术方向研发水平指数分析结果

子领域名称	研发指数					平均研发指数
	≤20	20~40	40~60	60~80	>80	
智能感知与人机交互	2	4	0	0	0	21.79
MEMS 技术	6	7	0	0	0	18.06
传感器器件	3	4	0	0	0	24.3
无损、快速检验检测系统	1	4	0	0	0	22.05
科学仪器	0	8	0	0	0	28.19
医疗仪器	0	8	0	0	0	30.84

处于较落后的有 35 项（研发水平指数范围 20~40），处于落后的有 12 项（研发水平指数小于等于 20）。我国仪器仪表领域技术方向总体研发水平比较落后。

2. 技术领先国家和地区

对所有技术项进行分析，领先国家和地区的判断如下：美国拥有绝对技术优势，其次为欧盟、日本和俄罗斯；欧盟在"智能电子鼻与电子舌仪器"发展水平与美国相当，而"坐标测量软件技术"欧盟赶超了美国；日本在"机器人皮肤"发展水平与美国相当。结果见图 3-9。

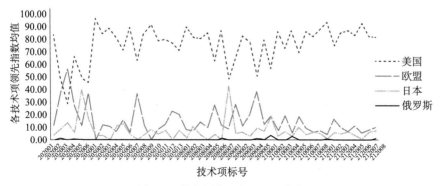

图 3-9 技术领先国家和地区分布

3. 制约因素分析

从人才队伍及科技资源制约性指数排名看，MEMS 技术子领域、科学仪器子领域各占 3 项。除"用于精准治疗分子的示踪技术"和"高精度超短脉冲激光测量仪器"外，研发水平指数均不足 30，可见研发水平与"人才队伍及科技资源"方面具有正相关性。结果见图 3-10。

各种因素制约性指数排名前 10 位的技术方向见表 3-3。

从法律法规政策与标准规范制约性指数排名看，医疗仪器子领域和 MEMS 技术子领域占主导。医疗仪器子领域在法律法规政策制约性排名前 10 位中占 5 位（表 3-4），MEMS 技术子领域在标准规范制约性指数排名前 10 位中占 4 位（表 3-5），在协调与合作制约性指数排名前 10 位中 MEMS 技术占 4 位（表 3-6）。

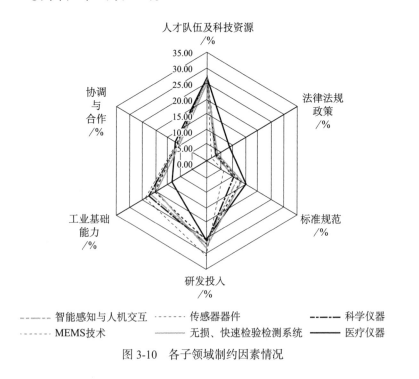

图 3-10 各子领域制约因素情况

表 3-3　受人才队伍及科技资源制约性最大的前 10 项技术统计表

子领域	技术项目	人才队伍及科技资源制约性指数	重要程度指数	研发水平指数
科学仪器	超快脉冲电子衍射系统	31.40	63.65	25.00
MEMS 技术	MEMS 器件的自检测、自校正技术	30.61	71.85	9.18
传感器器件	量子传感器	30.39	75.07	21.77
智能感知与人机交互	基于单原子 / 分子的纳米表征智能测试技术	29.82	71.43	26.88
MEMS 技术	高可信度 MEMS 系统级仿真与设计软件	29.61	74.56	21.93
科学仪器	高精度超短脉冲激光测量仪器	29.23	65.97	33.33
科学仪器	超分辨率显微成像技术	29.21	71.43	20.34
医疗仪器	用于精准治疗分子的示踪技术	28.95	78.54	33.63
智能感知与人机交互	坐标测量软件技术	28.69	61.36	19.54
MEMS 技术	MEMS 单片集成工艺与 IC 工艺高度融合	28.57	86.93	10.00

表 3-4　受法律法规政策制约性最大的前 10 项技术统计表

子领域	技术项目	法律法规政策制约性指数	重要程度指数	研发水平指数
医疗仪器	高通量全集成基因检测技术	14.11	76.31	39.16
MEMS 技术	芯片级核电站在实验室中得到实现技术项目	12.79	58.60	18.00
医疗仪器	人类白细胞抗原（HLA）型别以及 HLA 抗体快速检测技术	12.71	60.08	32.80
MEMS 技术	可穿戴、植入式人体参数连续监测系统	10.53	76.07	22.92
医疗仪器	无创肿瘤检测新技术	9.38	78.61	26.41
医疗仪器	大脑认知识别与功能康复技术	8.76	72.45	27.50
科学仪器	高通量单细胞测序技术	8.70	72.46	33.33
无损、快速检验检测系统	基于移动互联的手持式微型检测仪器	8.22	68.63	23.95
MEMS 技术	MEMS 测试与标准化技术	8.05	73.96	21.43
医疗仪器	用于精准治疗分子的示踪技术	7.51	78.54	33.63

表 3-5　受标准规范制约性最大的前 10 项技术统计表

子领域	技术项目	标准规范制约性指数	重要程度指数	研发水平指数
MEMS 技术	MEMS 测试与标准化技术	21.84	73.96	21.43
MEMS 技术	MEMS 可靠性技术	20.22	80.38	12.50
医疗仪器	高通量全集成基因检测技术	18.46	76.31	39.16
MEMS 技术	高可信度 MEMS 系统级仿真与设计软件	18.44	74.56	21.93
医疗仪器	人类白细胞抗原（HLA）型别以及 HLA 抗体快速检测技术	17.53	60.08	32.80
无损、快速检验检测系统	基于移动互联的手持式微型检测仪器	16.98	68.63	23.95
科学仪器	基于微流控芯片的痕量检测技术	16.74	77.48	22.54
医疗仪器	无创肿瘤检测新技术	15.99	78.61	26.41
智能感知与人机交互	坐标测量软件技术	14.34	61.36	19.54
MEMS 技术	MEMS 器件的自检测、自校正技术	14.29	71.85	9.18

表 3-6　受协调与合作制约性最大的前 10 项技术统计表

子领域	技术项目	协调与合作制约性指数	重要程度指数	研发水平指数
MEMS 技术	面向微流控结构与系统的大规模 MEMS 制造技术	17.39	77.29	23.86
MEMS 技术	高可信度 MEMS 系统级仿真与设计软件	16.75	74.56	21.93
医疗仪器	大脑认知识别与功能康复技术	16.39	72.45	27.50
科学仪器	超分辨率显微成像技术	16.29	71.43	20.34
科学仪器	高通量单细胞测序技术	13.91	72.46	33.33
医疗仪器	用于精准治疗分子的示踪技术	13.41	78.54	33.63
传感器器件	石墨烯传感器	13.4	70.20	29.79
MEMS 技术	MEMS 专用集成电路（ASIC）	13.35	88.00	14.17
MEMS 技术	MEMS 单片集成工艺与 IC 工艺高度融合	13.34	86.93	10.00
无损、快速检验检测系统	基于化学多维校正的高阶化学传感技术	12.75	68.04	26.92

传感器器件子领域受研发投入影响较大（表 3-7）。从工业基础能力制

约性指数排名（表 3-8）看，MEMS 技术子领域所占比例较大。

表 3-7　受研发投入制约性最大的前 10 项技术统计表

子领域	技术项目	研发投入制约性指数	重要程度指数	研发水平指数
传感器器件	多源自供电微功耗连续传感器	33.1	62.74	15.38
传感器器件	高分辨率雷达卫星传感器	32.94	72.25	33.06
MEMS 技术	MEMS 器件的自检测、自校正技术	31.29	71.85	9.18
传感器器件	量子传感器	30.94	75.07	21.77
无损、快速检验检测系统	太赫兹检测仪器	29.58	69.74	20.39
无损、快速检验检测系统	基于化学多维校正的高阶化学传感技术	29.53	68.04	26.92
传感器器件	柔性传感器	29.49	73.67	17.77
MEMS 技术	恶劣环境 MEMS 器件	29.38	84.26	10.78
传感器器件	石墨烯传感器	29.35	70.20	29.79
智能感知与人机交互	机器人皮肤	28.81	72.35	16.88

表 3-8　受工业基础能力制约性最大的前 10 项技术统计表

子领域	技术项目	工业基础能力制约性指数	重要程度指数	研发水平指数
科学仪器	超高曲率光学表面面形及大口径特种光学面形测量技术	27.92	73.25	33.96
传感器器件	高速二维背照射 CMOS 光电传感器	27.07	67.30	13.92
传感器器件	柔性传感器	26.12	73.67	17.77
MEMS 技术	MEMS 三维叠层封装技术	25.93	86.51	27.00
智能感知与人机交互	100% 在线检测和无损检测技术	25.7	73.88	23.05
科学仪器	极端环境条件下的质谱分析技术	25.24	71.79	24.26
MEMS 技术	MEMS 单片集成工艺与 IC 工艺高度融合	24.76	86.93	10.00
MEMS 技术	面向微流控结构与系统的大规模 MEMS 制造技术	24.64	77.29	23.86
科学仪器	超快脉冲电子衍射系统	24.42	63.65	25.00
MEMS 技术	恶劣环境 MEMS 器件	23.75	84.26	10.78

四、仪器仪表领域关键技术方向

经技术预见结果统计分析和领域专家研讨分析，提出仪器仪表领域综合重要性最高的前 10 项技术方向，见表 3-9。

表 3-9　仪器仪表领域关键技术方向

序号	子领域	技术项目
1	智能感知与人机交互	传感器融合感知技术
2	MEMS 技术	MEMS 单片集成工艺与 IC 工艺高度融合
3	MEMS 技术	可穿戴、植入式人体参数连续监测系统
4	科学仪器	基于微流控芯片的痕量检测技术
5	无损、快速检验检测系统	基于移动互联的手持式微型检测仪器
6	科学仪器	极端环境条件下的质谱分析技术
7	传感器器件	多源自供电微功耗连续传感器
8	无损、快速检验检测系统	太赫兹检测仪器
9	医疗仪器	高通量全集成基因检测技术
10	传感器器件	高分辨率雷达卫星传感器

1. 传感器融合感知技术

多传感器融合监测、分析、控制和交互将是未来智慧工厂和先进制造领域的尖端技术。开发针对振动、温度、压力、噪声、应变、图像等多参量的监测技术，结合物联网平台建立数据的采集、分析、自诊断、执行平台，重点开展以下几方面研究：①多传感器的融合检测技术；②数据融合分析技术；③平台自适应自诊断技术；④执行与反馈技术。该技术可广泛应用于土木工程及建筑、大型机械设备制造、航空航天、交通、能源与电力、石油化工等领域，在工业 4.0 和先进制造方面将发挥极大作用。

2. MEMS 单片集成工艺与 IC 工艺高度融合

随着 MEMS 技术和微电子 IC 技术的不断发展，MEMS 制造技术与 IC 工艺越来越兼容，可以实现微传感器、执行器和集成电路单片集成，即把 MEMS 结构和 CMOS 电路做在同一块衬底芯片上。MEMS 单片集成制造是指在 CMOS 等 IC 生产过程中插入一些 MEMS 工艺来实现单片集成 MEMS，可以有效解决机械结构（三维结构）和电路结构（二维结构）的单片集成电路问题。随着技术的不断进步，MEMS 单片集成工艺与 IC 工艺将实现高度融合，许多 MEMS 单片集成工艺将可以无缝隙地嵌入 IC 制造工艺流程中，使得未来的集成电路除了具有电路处理功能外，还具有信息获取和执行等功能。

3. 可穿戴、植入式人体参数连续监测系统

人们对健康的要求越来越高，需要对自身的人体参数进行连续监测：通过监测运动中的人体参数，可以优化出最佳的锻炼方式；通过监测人体的各种营养参数，可以优化出合适的饮食结构；通过监测人体的疾病参数，可以优化出合理的治疗方案等。为了满足这一需求，人们通过发展生物相容的柔性 MEMS 制造技术，将人体参数监测传感器、处理分析系统和通信系统等集成在柔性生物衬底上，开发出廉价的可穿戴、植入式人体参数连续监测系统，可以进行各种人体参数的连续监测，并能对数据进行分析，对应用者给出合理的建议，提高人类的健康水平。到 2035 年，可穿戴、植入式人体参数监测系统将如创可贴一般廉价、普及。

4. 基于微流控芯片的痕量检测技术

集成流路技术的不断发展，极大地促进了微量生物分子精准定量检测技术的发展。正如大规模集成电路带来电子学革命，大规模集成流路芯片可能带来生命科学革命。对低至 1 个到几百个分子每百微升的痕量生物分子精准定量检测是重大科学难题，开展基于集成流路芯片的痕量生物分子精确定位技术及智能检测仪器研究，研制具有单分子检测下限和灵敏度的生物分子精准定量智能检测仪器，突破传统生物分子定量方法的检测极限，同时具有准确性高、特异性强等优点，为生命科学、医学的深入研究提供更为精准的方法和仪器，是精准医疗的基础。

5. 基于移动互联的手持式微型检测仪器

小型分析仪器可实现手持式检测，为快速在线检测检验提供了硬件基

础。随着移动互联的发展，将其同手机相连，作为手机上的分析传感器，并通过互联网进行远程数据分析和大数据管理，从而将手机变成便携、移动、分布式的迷你分析仪器，通过大数据和云计算实现快速而精确的数据分析，其意义不单纯是实现了快速在线检测，而且必将形成一种新的安全监控和检验模式，在人类生产、生活的广泛领域内开辟了无穷的想象空间。这一方向需要对分析仪器的小型化、数据标准、互联传输标准、数据库平台等方面进行提前布局，通过标准强化和指导快速检测技术领域的发展，以保障制造、加工企业质量安全，并形成我国自有的技术壁垒，具有重要战略意义。

6. 极端环境条件下的质谱分析技术

质谱仪器作为分子定性定量的唯一确证检测，尤其检测速度快、精确度好，使其已经在广泛的检测领域中获得越来越重要的地位。但其对操作环境要求高，使其在极端环境和尺度中无法发挥应有的作用。当前可预见未来人类将持续加强海、天、地下环境和资源的探索，各种高端分析仪器在极端环境条件下进行应用是必然需求，质谱仪器将发挥巨大作用。发展在强电场、强磁场、强辐射、高温、高压力、高速度、强振动、强噪声等极端条件下的质谱测量技术将是高端科学仪器发展的方向，是我国在海、天、地下领域深度开发和占据有利地位必要的技术支撑之一。

7. 多源自供电微功耗连续传感器

这类传感器是可用于远程遥感采集，具备多种自供电方式，能够不依靠外电源，长期稳定地对温度、湿度、压力等物理参数实施连续监控的小型化的传感器。设备采用热电效应、光电效应以及获取化学能的方式，为石油野外勘探、铁道监测、环境监控等需要长期在外进行工作的探测器提供一定功率的能源，信息可以源源不断地通过无线方式进行回传，避免传统模式下供电维护或者线路维护的困扰。对于需要极端小型化和不需要连续工作的设备，也可以采取断续工作、断续供电等模式以增加灵活性。

8. 太赫兹检测仪器

太赫兹波是位于红外线与微波之间的电磁辐射波，其能量比 X 射线低三个数量级，因此不会使生物组织产生任何破坏，是一种真正意义上的无损检测技术。太赫兹光谱、成像仪器在食品安全监测、药品分析、临床检测、油气分析、医疗分析、化妆品、违禁品、食品添加剂、大气与空间环境监测等领域有广阔的应用前景。

9. 高通量全集成基因检测技术

基因检测技术发展迅速，近年来在疾病风险评估、疾病诊断、个体化医疗、身份鉴定、食品安全等领域的应用呈现飞跃式发展，其更快、更准、更灵敏的检测性能带来的社会效益巨大。我国把基因检测技术用于临床检验方面的规模和水平处于世界前列。目前，基因检测更大规模推广使用的瓶颈在于样品交叉污染风险和样品前处理复杂，国家应重点支持基于一次性全集成芯片的全集成基因检测系统，实现样品进、结果出的全自动流程。

10. 高分辨率雷达卫星传感器

高分辨率雷达卫星遥感在国土、水利、农业、林业、海洋、地质与矿产、灾害与测绘、环境、军事等领域具有广阔的应用前景，特别是在灾害应急监测、地表覆盖实时监测、海洋监测、地壳位移与地表沉降监测等领域效果突出。雷达卫星遥感具有全天候、全天时、多模式、多极化等技术优势，是对传统光学遥感的补充和延伸，在卫星遥感对地观测技术体系中占据越来越重要的地位。目前，我国尚无民用雷达卫星数据，有必要开展这一领域的研究，研制分辨率达到亚米（分米）级别的雷达卫星遥感传感器。

五、仪器仪表领域共性技术方向

1. 柔性传感器

可穿戴设备迅猛发展，新兴的以柔性敏感器件、柔性印刷电路板、柔性屏幕为代表构成的柔性传感器，将颠覆现有产品的形态和体验方式，对机器人、公共安全、个性化工业制造、医疗康复以及体育科研等领域产生革命性影响，具有重要的经济和社会价值。

2. 面向微流控结构与系统的大规模 MEMS 制造技术

生命科学及 MEMS 微流控系统是未来 MEMS 应用的重要方向。面对巨大的应用市场需求，开发标准化、可快速大规模加工的微流控结构器件与系统制造技术十分关键。通过大面积印刷制造、3D 打印等制造技术，可实现器件的快速跨尺度一体化制造，从而实现大规模、低成本、快速的目的。基于该技术制造的微流控结构器件，可广泛应用于对复杂流场有较高要求的外蒙皮制造、对狭小空间散热有很高要求的高功率芯片封装制造，以及对野外检测便携性和可抛弃性有较高需求的生化检测器件制造等一系列对成本有较高要求的场合。根据加工需求不同可在 10 天之内完成生产柔性转化；可实现 100 mm 尺度 3D 宏观结构与 10 μm 尺度 3D 微观结构的快速共成型。

六、仪器仪表领域颠覆性技术方向

1. 量子传感器

基于量子效应及相关原理、现象、技术等方面研究成果和技术，研究开发出可在常规环境下应用的新型传感器，希望能在传统的传感器应用环境下，在检测精度等方面取得突破；拓展应用于传统环境下的传感器的功能和应用环境，发现新原理、新结构，研究开发出可以探测量子尺度、量子效应及相关现象的新型传感器。

2. MEMS 单片集成工艺与 IC 工艺高度融合

随着 MEMS 技术和微电子 IC 技术的不断发展，MEMS 制造技术与IC 工艺越来越兼容，可以实现微传感器、执行器和集成电路单片集成，即把 MEMS 结构和 CMOS 电路做在同一块衬底芯片上。MEMS 单片集成制造是指在 CMOS 等 IC 电路生产过程中插入一些 MEMS 工艺来实现单片集成 MEMS，可以有效解决机械结构（三维结构）和电路结构（二维结构）的单片集成电路问题。随着技术的不断进步，MEMS 单片集成工艺与 IC 工艺将实现高度融合，许多 MEMS 单片集成工艺将可以无缝隙地嵌入 IC 制造工艺流程中，使得未来的集成电路除了具有电路处理功能外，还具有信息获取和执行等功能。

第二节　发展能力分析

随着新技术革命的到来，我国仪器仪表行业步入了新的战略时期，面临更加复杂严峻的新形势，也迎来了新的战略机遇期。根据国家统计局的数据分析，2004～2013 年仪器仪表工业总产值连续十年平均增速超过 20%，行业规模迅速扩张，近几年随着产业结构调整，增幅趋缓。2017 年仪器仪表产业实现总产值 10 322.8 亿元。

我国已成为世界发展中国家中，自动化仪表及控制系统产业规模最大、产品品种最齐全的国家。电能表、水表、燃气表、数字万用表等传统产品产量均位居世界第一；压力变送器、电动执行器、测绘仪器、金属材料试验机等产品的产量也名列世界前茅；分散控制系统（DCS）等高端产品具备了与国际品牌的竞争力。

医疗仪器设备产业在临床应用面广、使用量大的常规医疗仪器设备方面已经具备了一定的技术水平，一些高端医疗仪器设备研发生产上也取得了突破，1.5T 超导磁共振成像系统、64 层计算机断层扫描仪、全自动化学发光免疫分析仪等大型仪器设备成功上市，部分领域有望接近和赶上国际水平。

国产色谱仪、质谱仪和等离子体光谱仪整机及部分关键部件已经取得突破，具备较好的研制和产业化基础。分子束科学仪器——氢原子里德伯态飞渡时间谱交叉分子束装置、真空紫外激光角分辨光电能谱仪、离子迁移谱探测技术痕量爆炸物快速检测仪的科学仪器在国际上领先。

但是，我国在高端科学仪器、传感器核心零部件等关键领域的工程技术能力普遍落后于国际先进水平，尤其一些影响可靠性的精密加工技术、密封技术、焊接技术、装配技术等关键技术至今没有得到解决，这些因素制约着我国仪器仪表产品的质量水平。仪器仪表应用遍及工业生产、环境保护、节能减排、航空航天、海洋探测、汽车、舰船、军事、医学诊断、生物工程等各个领域，需要针对不同应用领域开展多学科综合性高新技术研究，我国在这方面尚未形成规模。

通过德尔菲调查发现，研发投入与人才队伍及科技资源是仪器仪表领域技术发展的主要制约因素，制约性指数排序前三位为：研发投入、人才队伍及科技资源、工业基础能力。进一步分析受各类制约因素影响最大的技术，从人才队伍及科技资源制约性指数排名看，MEMS 技术子领域、科学仪器子领域各占三项，属于受人才队伍及科技资源制约较多的领域，传感器技术受工业基础能力的制约因素较强。除"用于精准治疗分子的示踪技术"和"高精度超短脉冲激光测量仪器"外，研发水平指数均不足 30，可见研发水平与人才队伍及科技资源方面具有正相关性。

第四章
仪器仪表领域工程科技发展的总体
战略构想

一、发展思路

我国仪器仪表工程科技发展正处于由低向高挺进的关键阶段，根据技术覆盖面宽、对高新技术高度敏感等特性，发展仪器仪表工程科技的基本思路为：高端突破，辐射产业；夯实基础，提升质量。

高端突破，通过跟踪信息技术、纳米技术和生物技术等高新技术发展，研究前沿技术和新兴技术，突破关键仪器，为我国前沿技术发展提供技术支撑，同时通过有效的工程化技术开发，以及科技成果转化平台，加快高端突破的辐射效应，缩短实现工程化的过程。

夯实基础，集中力量支持基础技术与基础部件的工程化攻关，建立标准、计量和检测等质量技术公共平台；成体系、成系统地发展仪器仪表产业相关的材料、元器件、设备，坚持高质量和高标准发展原则，突破长期制约我国仪器仪表工程领域中的可靠性和稳定性问题，增强我国仪器设备工程化和产业化能力。

二、战略目标

1. 2025 年目标

突破物理量获取与传感技术，延伸仪器仪表的应用范围，解决环境污染监测、核能辐射安全监测、物质成分分析、生物化学分析、新能源和绿色能源发展等难题；利用量子力学、纳米电子学、太赫兹电磁学、物联网测量技术和人工智能信息处理等新兴学科的研究成果解决制约仪器仪表技术发展的"瓶颈"问题，实现关键技术突破和工程化应用，为科学研究、能源开发、生命健康等提供高端仪器设备。

2. 2035 年目标

我国发展所需高端仪器仪表基本实现国产化，完善高端仪器技术体系；构建以"网络为中心"的远程测量与故障诊断平台，以及嵌入式测量平台；突破仪器仪表故障预测与健康管理技术，实现仪器仪表的零故障、自修复、免维修等智能化功能。总体水平达到世界先进水平，产品质量和可靠性达到国外先进技术水平。掌握重点领域所需仪器仪表的数字化、网络化、智能化的关键技术，涵盖计算机、通信、控制器、执行器等功能的新型仪器仪表微系统取得突破。

第五章
工程科技重点任务与发展路径

第一节　重点任务

一、智能传感及互联互通网络

发展传感器融合感知技术，实现振动、温度、压力、噪声、应变、图像等多参量的监测，结合物联网平台建立数据的采集、分析、自诊断、执行平台。多源自供电微功耗连续传感器，从根本上解决测量前端的电源供给问题，充分利用无线通信系统和网络平台，实现全天候、全空间的传感和监测，实现不受空间、环境限制的传感。提高仪器仪表本体现场数据自动跟踪收集能力，构建仪器仪表全生命周期质量跟踪体系，发展仪表更高端的智能化服务和智能功能，凸显仪表的工业互联数据价值。

二、高精密测试仪器

随着量子物理、纳米材料、超材料和生物细胞学的不断发展，科学仪器和设备必须解决微米和纳米尺度的微观世界的测量问题，提供分子级和原子级测试保障能力。在生命科学领域，显微技术、微量生物分子精准定量检测技术、痕量生物分子精确定位技术是生命科学探索的必备工具。至2035 年，制造业将由纳米时代进入亚纳米时代，面向现代制造业的精密仪器，是保障现代制造业零部件和整机装备生产集成能力与水平的重要手段。高端电子元器件自主可控工程的逐步推进，对电子元器件测试仪器的发展提出了更高要求。

三、精准医疗检测及诊断仪器

利用人工智能技术，继承和发扬传统中医理论和实践，发展适用于慢病管理的中医智能化诊断系统；医学影像领域重点发展分子成像、脑磁成像、荧光成像、太赫兹成像、电阻抗成像、激光与 LED 成像、虚拟成像等未来新技术产品；手术室与急救领域重点发展自适应呼吸机、麻醉机、智能中央监护及远程监护；临床检验领域重点发展第三代测序技术、质谱技术及新型的基因检测技术，建立基于基因检测的个人健康管理信息系统，建立人类基因组数据库，发展自主研发的基因数据读取与分析处理软件系统，发展可穿戴人体健康体征辨识参数检测监控设备，以及基因库资源应用研究。

四、MEMS 技术

近期需加强突破 MEMS 一体化设计与仿真技术、先进功能材料的MEMS 制造技术、芯片级 MEMS 集成技术、MEMS 可靠性技术、MEMS测试与标准化技术等。研制各类国产微纳制造、检测设备。面对中远期优先布局的基础研究方向包括高可信度的系统级 MEMS 正向设计理论、复杂三维 MEMS 制造工艺方法、单片 MEMS 集成方法、面向极端条件的MEMS 应用方法、MEMS 集成射频前端技术、微型导航定位授时技术、MEMS 智能传感微系统技术、MEMS 执行器技术等。

五、生态环境监测传感器及仪器

生态环境监测领域重点发展：支撑政府管理的大尺度、陆海空立体化综合化、可溯源、可预判生态环境变化趋势，基于大数据、人工智能的智能化大生态环境监测技术及新产品；与个人移动终端、家庭终端、汽车等移动交通工具、无人飞机、专用机器人等相结合的环境参数传感器。

第二节　发展路径

一、面向 2035 年我国工程科技发展需要优先开展的基础研究方向

（一）超高速超精密测试基础理论研究

超高速超精密测试基础理论研究方向，主要是指建立原子尺度的超精密加工理论和面向超大型极限制造的大尺度精密测量理论与方法的研究，构建面向下一代极限精密制造的工艺技术体系，包括原子或近原子尺度制造——制造 Ⅲ、超高温环境下的实时原位测量技术、光学干涉显微镜测量技术、复杂几何参数测量与微/纳米坐标技术等。

（二）网络服务的仪器仪表及控制测量基础理论研究

网络服务的仪器仪表及控制测量基础理论研究，是面向装备制造的具有数据与知识服务的仪器仪表及控制测量理论和方法，协同边缘感知自适应网络技术，多网融合感知测量、反馈、控制一体化技术，可预测的智能网络测量与控制技术。

（三）医学诊疗技术及工程化基础研究

医学诊疗技术及工程化基础研究，包括医学影像领域、临床检验领域、

重点开展分子成像、脑磁成像、荧光成像、太赫兹成像、电阻抗成像、激光与成像、虚拟成像等基础研究。在临床检验领域，包括第三代测序技术及新型的测试技术，以及神经刺激器、治疗与监测用植入性生物芯片等。

（四）MEMS 共性技术

MEMS 共性技术是指，MEMS 一体化设计与仿真技术、先进功能材料的 MEMS 制造技术、芯片级 MEMS 集成技术、MEMS 可靠性技术、MEMS 测试与标准化技术等，高可信度的系统级 MEMS 正向设计理论、复杂三维 MEMS 制造工艺方法、单片 MEMS 集成方法、面向极端条件的 MEMS 应用方法、MEMS 集成射频前端技术、微型导航定位授时技术、MEMS 智能传感微系统技术、MEMS 执行器技术等。

二、发展路线图

根据未来发展的需求和目标，课题组研究了仪器仪表领域工程科技发展技术路线图，见图 5-1。

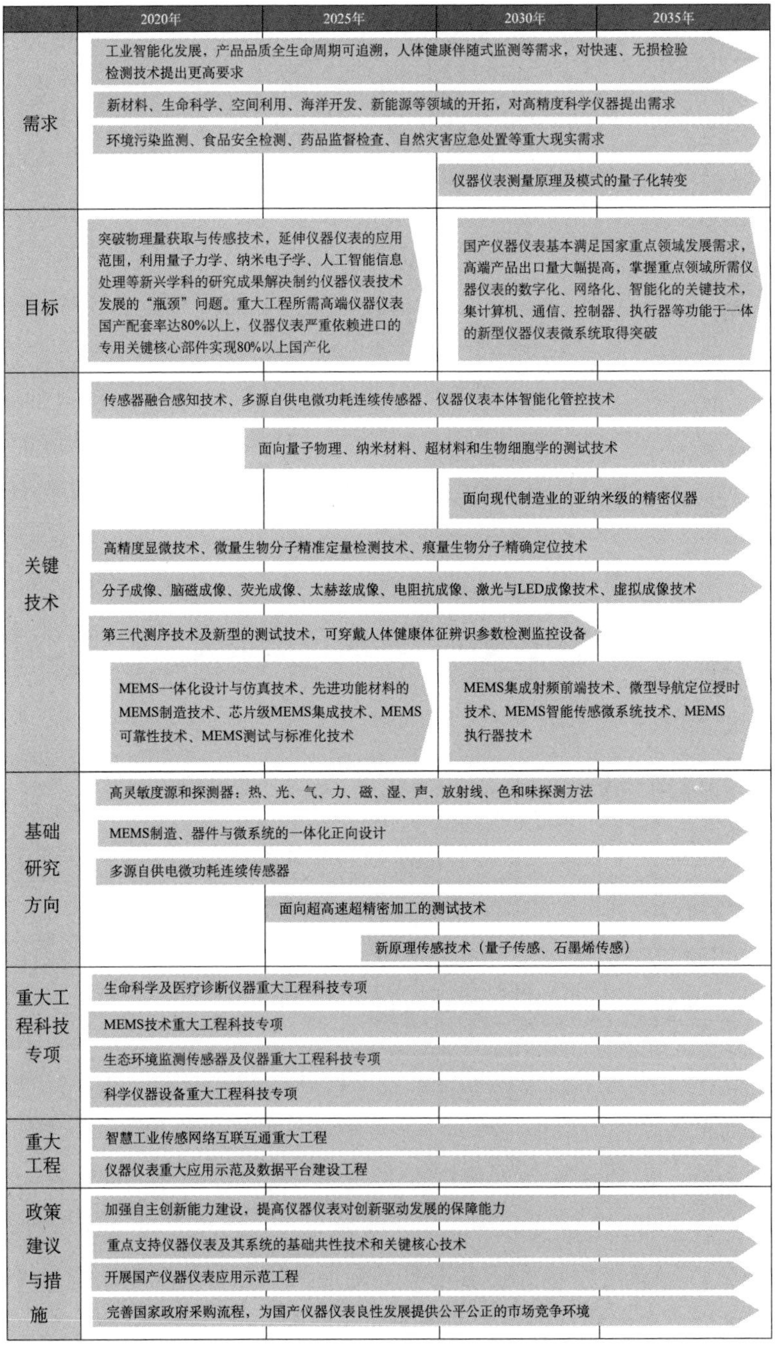

	2020年	2025年	2030年	2035年
需求	工业智能化发展，产品品质全生命周期可追溯，人体健康伴随式监测等需求，对快速、无损检验检测技术提出更高要求			
	新材料、生命科学、空间利用、海洋开发、新能源等领域的开拓，对高精度科学仪器提出需求			
	环境污染监测、食品安全检测、药品监督检查、自然灾害应急处置等重大现实需求			
			仪器仪表测量原理及模式的量子化转变	
目标	突破物理量获取与传感技术，延伸仪器仪表的应用范围，利用量子力学、纳米电子学、人工智能信息处理等新兴学科的研究成果解决制约仪器仪表技术发展的"瓶颈"问题。重大工程所需高端仪器仪表国产配套率达80%以上，仪器仪表严重依赖进口的专用关键核心部件实现80%以上国产化		国产仪器仪表基本满足国家重点领域发展需求，高端产品出口量大幅提高，掌握重点领域所需仪器仪表的数字化、网络化、智能化的关键技术，集计算机、通信、控制器、执行器等功能于一体的新型仪器仪表微系统取得突破	
关键技术	传感器融合感知技术、多源自供电微功耗连续传感器、仪器仪表本体智能化管控技术			
		面向量子物理、纳米材料、超材料和生物细胞学的测试技术		
			面向现代制造业的亚纳米级的精密仪器	
	高精度显微技术、微量生物分子精准定量检测技术、痕量生物分子精确定位技术			
	分子成像、脑磁成像、荧光成像、太赫兹成像、电阻抗成像、激光与LED成像技术、虚拟成像技术			
	第三代测序技术及新型的测试技术，可穿戴人体健康体征辨识参数检测监控设备			
	MEMS一体化设计与仿真技术、先进功能材料的MEMS制造技术、芯片级MEMS集成技术、MEMS可靠性技术、MEMS测试与标准化技术		MEMS集成射频前端技术、微型导航定位授时技术、MEMS智能传感微系统技术、MEMS执行器技术	
基础研究方向	高灵敏度源和探测器：热、光、气、力、磁、湿、声、放射线、色和味探测方法			
	MEMS制造、器件与微系统的一体化正向设计			
	多源自供电微功耗连续传感器			
		面向超高速超精密加工的测试技术		
		新原理传感技术（量子传感、石墨烯传感）		
重大工程科技专项	生命科学及医疗诊断仪器重大工程科技专项			
	MEMS技术重大工程科技专项			
	生态环境监测传感器及仪器重大工程科技专项			
	科学仪器设备重大工程科技专项			
重大工程	智慧工业传感网络互联互通重大工程			
	仪器仪表重大应用示范及数据平台建设工程			
政策建议与措施	加强自主创新能力建设，提高仪器仪表对创新驱动发展的保障能力			
	重点支持仪器仪表及其系统的基础共性技术和关键核心技术			
	开展国产仪器仪表应用示范工程			
	完善国家政府采购流程，为国产仪器仪表良性发展提供公平公正的市场竞争环境			

图 5-1　仪器仪表领域工程科技发展技术路线图

第六章
重大工程科技专项

第一节　生命科学及医疗诊断仪器重大工程科技专项

一、应用目标

掌握生命科学及医疗诊断领域基础研究和临床应用所需仪器的关键技术、系统集成技术和软件开发技术，提高市场竞争力。

二、关键技术攻关任务与路线

应用于生命科学研究的质谱、全集成基因检测系统、第三代测序系统、高通量多指标流式细胞仪、小型化质谱仪。用于临床诊断的中医智能化诊断系统、液体活检微创检测方法、下一代测序技术（next-generation sequencing，NGS）、质谱检测。用于基础研究、药物发现、预测毒理学、毒药物动力学研究和其他应用的基因检测、第二信使检测、细胞增殖检测、细胞死亡检测和其他检测的细胞检测技术。分子诊断技术，包括全集成基因检测系统、NGS 以及其他技术。

研究医学影像新型成像机理、影像融合技术、新技术应用及远程图像诊断信息系统。

产品科技发展呈现出小型化、集成化、网络化、多源信息一体化融合。

三、工程技术目标与标志性成果

在颠覆性技术的发展方面保持与世界同步，拥有较强的产品技术支撑，高端仪器达到国际先进水平，在应用创新领域达到世界水平；在质量、标准、先进测试等方面形成对产业的基础性支撑能力，产业能力和创新支撑能力进入世界先进之列。

四、可行性分析

全球制药和生物健康产业发展迅猛，并在中国开展临床研究，技术和产品需求量激增。同时，医疗诊断领域向精准医疗，预防、预知以及诊断技术融入日常生活方向发展。

第二节　MEMS 技术重大工程科技专项

一、应用目标

全面建成基于 MEMS 技术的工业物联网，创建全生命周期的 MEMS 产业生态链。

二、关键技术攻关任务与路线

MEMS 器件与微系统的关键集成方法受集成水平制约，国产 MEMS

器件以分立元件组合为主，导致体积大、成本高，且性能受限，无法充分体现 MEMS 技术的优势。必须开展单片集成、3D 集成和混合集成方法，先进结构与先进材料工艺，MEMS 晶圆级封装及在线监控等研究，解决 MEMS 器件与微系统的芯片级集成方法及核心关键工艺技术。

MEMS 器件与微系统的应用环境适应性方法也必须重视，在面向发动机、燃气轮机等极端恶劣环境的 MEMS 器件与系统，面向战术武器的超高精度、高过载的 MEMS 器件与系统，面向汽车工业的高可靠、高性能的 MEMS 器件与系统，面向未来物联网的集成化、智能化 MEMS 器件与系统等方面均应进一步加强，解决我国亟待突破的重大战略需求问题。

三、工程技术目标与标志性成果

（1）形成 10 个以上的规模化 MEMS 工艺代工服务平台，即纯 MEMS 芯片的代工厂（foundry）。

（2）形成 10 个以上 MEMS 行业龙头，即从设计到制造、封装测试以及投向市场一条龙全包的集成器件制造（integrated device manufacture, IDM）企业。

（3）形成 100 家以上规模化 MEMS 芯片原始设计制造（original design manufacturer, ODM）企业，包括 fabless 以及 fab-lite 型企业。

（4）类比 IC 芯片产业，形成规模化的、可持续发展的 MEMS 芯片产业 IDM、foundry、fabless 以及 fab-lite 生态。

四、可行性分析

在 2016～2025 年阶段，持续跟踪国外技术先进国家的 MEMS 领域发展，结合自主创新，以 MEMS 器件发展推动 MEMS 微系统技术的进步，突破 MEMS 技术在相关领域的应用；在 2026～2035 年阶段，以自主创新为主，以新概念 MEMS 微系统的研发带动 MEMS 器件、制造等技术的发展，突出新原理、新技术在 MEMS 器件及微系统中的作用。针对国家战略需求和经济社会发展，持续突破 MEMS 器件及微系统的核心关键技术，形成国家 MEMS 科技发展体系，构建国家 MEMS 产业生态。

第三节　生态环境监测传感器及仪器重大工程科技专项

一、应用目标

掌握获得宏观、微观、精准生态环境综合信息的监测技术、仪器、传感器及信息处理、传输技术，让政府管理部门可准确地获得大尺度、立体化、综合化生态环境信息，做到可溯源、可预判生态环境变化趋势，使每个人可方便地感知周边生态环境的质量。

二、关键技术攻关任务与路线

研究大尺度、立体化、综合化、可移动的环境参数遥感遥测技术及系统；研究环境污染因子可溯源的监测技术及分析方法；研究非实验室环境、不同气候、地理、海拔等环境应用的监测技术及仪器；研究微型化，可嵌入个人终端、家庭终端、交通终端、机器人等的环境参数测量传感器；研究生态环境监测大数据、人工智能分析技术及信息化集成技术。

三、工程技术目标与标志性成果

使我国在大尺度、立体化、综合化生态环境监测系统建设领域达到国际先进水平，在管理应用方面具有世界领先水平，有力支撑我国生态文明建设。在微型环境传感器技术及产品创新领域达到国际先进水平，在应用创新领域达到世界领先水平。

四、可行性分析

我国已将环境保护提高到生态文明建设高度，老百姓对环境保护和自身健康的关注度越来越高，生态环境监测传感器及仪器经济社会效益显著，相关产品具有巨大的市场需求和发展潜力。

第四节　科学仪器设备重大工程科技专项

一、应用目标

重大科学仪器设备重点开发专项（简称科学仪器专项）以关键核心技术和部件（软硬件）自主研发为突破口，聚焦高端通用和专业重大科学仪器设备研发，带动科学仪器系统集成创新，有效提升我国科学仪器设备行业整体创新水平与自我装备能力。通过专项实施，为环境保护、自然灾害监测、工业和信息化建设、高端装备制造、新材料开发、农业生产、国土资源和水资源保护、食品药品质量安全、国防和公共安全监测等领域重大问题解决提供有效的测试手段，为国家科技创新、产业转型升级和社会发展等重大战略需求提供强有力的仪器设备支撑。

二、关键技术攻关任务及路线

科学仪器专项以加强科学仪器前沿技术研究为抓手，抢占科学仪器技术制高点，实现科学仪器自主创新发展；以科学仪器共性基础技术为突破口，实现科学仪器关键核心部件和基础软硬件自主可控，夯实科学仪器发展基础；以科学仪器工程化研制和应用示范为重点，提升仪器应用属性，实现科学仪器产业化发展，抢占科学仪器市场先机，大幅提升科学仪器市场占有率。

三、工程技术目标与标志性成果

科学仪器专项以实现"一二二二"为发展目标：①夯实一个基础，重点支持科学仪器基础技术研究，突破制约科学仪器发展的关键核心部件和基础软硬件技术，为科学仪器自主可控奠定坚实基础；②开发两类仪器，重点开发高端通用仪器和专业重大仪器，为国家科技创新、高端制造、国计民生和公共安全等领域创新发展提供成套测试解决方案；③构建两个体系，通过科学仪器专项的实施，构建科学仪器产品体系和技术体系，形成完整的科学仪器体系架构，整体推进科学仪器由中低端向中高端发展；④打造两类企业，通过科学仪器专项的实施，培养和造就世界上有影响力的大型综合型仪器企业和隐形冠军仪器企业。

四、可行性分析

科技部一直高度重视科学仪器的发展，"十二五"以来，通过各类科研计划已累计投入国拨资金近百亿元，部署了 70 多种科学仪器用关键核心部件和 280 余项高端通用和专业重大科学仪器研制，大部分科研成果已在国家重大专项、重点工程、国民生计、国防建设和公共安全监测等领域得到了推广应用，部分缓解了我国科学仪器的对外依赖，为未来科学仪器发展奠定了良好基础。

第七章
重 大 工 程

第一节　智慧工业传感网络互联互通重大工程

一、需求与必要性

仪器仪表传感网络是工业互联网需要打通的最后一公里，围绕战略性新兴产业和民生领域需求，重点发展先进自动控制系统、智能仪器仪表及传感器，通过重大工程的实施，将智能仪表及传感和用户、企业、设计院、科研机构等产业链的数据孤岛无缝连接起来，提高智能仪器仪表组网能力和通信网络节点丰富程度，凸显仪器仪表的工业互联数据价值。

二、工程任务

（1）提升企业产品研发和经营管理智能化水平，拓展工业互联网的应用服务，实现远程数据运维，助推百家工业企业产品研发和经营管理信息化、智能化，实现全生命周期管理，提高管理效能和生产研发效能。

（2）提升工业装备智能化程度，拓展智能仪器仪表，尤其中高端仪表大规模工程应用，提升工厂生产效能。

（3）以企业生产过程智能化提升为契机，拓展工业互联网在用户工厂的工程化应用，以自动巡检、工厂能效监测为重要手段，提升生产过程的质量和安全。

三、工程目标与效果

通过重大工程的实施，形成有重大影响力的智能工业传感网络互联互通示范体系，推动我国智能工业的发展。

第二节　仪器仪表重大应用示范及数据平台建设工程

一、需求与必要性

从仪器仪表对国家实现创新驱动战略、制造强国，探索未知世界，保障百姓健康安全的重要价值考虑，建议国家针对智能制造、百姓健康安全、探索领域、能源安全等领域安排仪器仪表重大应用示范工程，并通过示范工程搭建支持开展仪器仪表相关的技术信息大数据收集、整理和挖掘研究的平台建设。

二、工程任务

重点开展的示范工程建议见表7-1。

表 7-1 重点示范工程列表

类别	重大应用示范工程
智能仪表	（1）仪器仪表智能制造示范工程 （2）传统工业（石化、冶金、化工、纺织、食品加工、制药、物流等）智能制造生产效率提升示范工程 （3）公共安全预警应急监测示范工程
科学仪器	（1）城市农村饮用水保障示范工程 （2）网络化食品药品安全检测体系及大数据应用示范 （3）页岩气、可燃冰等新能源探测应用示范工程 （4）大洋深海探测应用示范工程
环境仪器	（1）区域/流域水资源生态环境综合监测应用示范工程 （2）近海海洋生态环境多任务、多平台立体化、网络化监测系统示范工程
医疗仪器	（1）高端医疗仪器研发与应用示范工程 （2）高通量临床检验仪器研发与应用示范工程
传感器	（1）轨道交通传感器应用示范工程 （2）机器人智能传感器应用示范工程 （3）新能源汽车应用示范工程

三、工程目标与效果

在食品药品安全、环保、医疗、科学研究、交通、工业生产等领域，开展国产仪器仪表及传感器的应用示范工程，推动国内产品的质量提升与市场竞争力，应用过程中会产生海量的测试分析数据。开展仪器仪表应用领域的大数据研究将对指导仪器仪表研制、发挥仪器仪表价值、提高仪器仪表附加值、提升政府管理和服务社会水平具有重要价值。

第八章
政策建议与措施

第一节　政　策　建　议

一、加强自主创新能力建设，提高仪器仪表对创新驱动发展的保障能力

充分利用现有仪器设备的技术基础、产业化能力和人才队伍优势，通过重大工程科技专项引领，形成以仪器仪表为主体的技术研究、产品研制、工程化开发、产业化发展、综合应用的自主创新体系，充分利用多专业交叉融合和相互配套的优势，通过集成创新，重点发展一批达到世界先进技术水平的重大科学仪器设备，特别是在微纳米、量子调控、多光谱综合应用、太赫兹、超材料等技术领域，研制世界范围有影响力的高端科学仪器设备，建设有中国特色的科学仪器设备产品体系，支撑我国科技创新发展。

二、重点支持仪器仪表及其系统的基础共性技术和关键核心技术

重点支持包括新型敏感材料、器件及传感器设计和制造技术，传感器测量和数据处理技术，智能传感器系统及无线感知网络技术，嵌入式软件，功能安全和信息安全、系统集成技术等在内的仪器仪表及其系统的基础共性技术和关键核心技术。围绕传感器及其系统的高性能、高可靠、长寿命技术，低成本、低功耗、微型化技术，信息处理、融合、传输技术，能效管理技术等核心技术，建设具有自主知识产权的标准和专利池。

三、开展国产仪器仪表应用示范工程

针对工业过程测控、工厂自动化、物流、环境监测、产品质量检验、汽车电子、重大设施健康监测、物联网和节能减排等应用领域和国际市场，选择量大面广的传感器及其系统，完善制造装备和工艺等方式，提升产品的可靠性、稳定性和安全性，推动自主研发产品在国家重大工程中的应用，提高市场占有率。选择智能制造领域的工业过程测控、工厂自动化以及环境监测、汽车电子等重大设施等典型行业，开展应用示范。加快与物联网发展相关的传感器及其系统核心关键技术研发及产业化。在智慧城市、智能交通、食品药品信息追溯、社会公共医疗服务等领域开展应用示范。

四、完善国家政府采购流程，为国产仪器仪表良性发展提供公平公正的市场竞争环境

充分考虑国内仪器工业未来发展问题，建议国家有关政府部门，针对仪器仪表特别是科学仪器等提供合适的法律和政策环境，提供发展优先的支持政策，并按照"国家采购法"的有关规定，规范采购流程，为国产仪器仪表工业健康发展提供公平公正的市场竞争环境。

考虑到仪器仪表相对体量小，但属于核心部件，建议国家组织编写国产仪器仪表自主创新目录，在国家重大工程建设的配套技改项目、重大

科技专项的配套仪器设备中优先采购国产仪器仪表，并设置一定国产化比例，根据国产仪器设备发展情况，逐年提高国产化比例。

第二节　措　　施

一、组织产学研用联合攻关，提高仪器仪表核心零部件的国际竞争力

充分发挥国内仪器仪表设备专业科研院所和企业、高等院校以及用户的积极性和主动性，国家组织国内材料、制造工艺、电子元器件、关键部件、整机等单位联合技术攻关，提高仪器仪表的研发效率，突破长期制约仪器仪表发展的"瓶颈"因素，全面提升仪器仪表技术水平，加速推进我国企业的市场化和国际化竞争能力，为做大做强我国仪器仪表行业提供体制机制保障。

二、重点培育有国际竞争力的世界级仪器仪表设备企业

针对我国现阶段仪器仪表专业设备科技创新能力和产业化能力现状，建议国家选择少数优质企业，集中有限资源，重点打造和培养世界级专业企业。通过专业企业汇聚高科技创新人才，提升自主创新能力，突破和掌握核心关键技术，加大工程化和产业化研制力度，全面提升国产仪器设备的可靠性、稳定性、重复性、环境适应性、批量生产性，提高仪器设备的技术成熟度、产品成熟度和市场成熟度，把研制成果打造成国货精品，以国内市场为立足点，积极开拓国际市场，打造国际一流的仪器仪表设计与生产制造基地。加大对全部依赖国外进口、存在"卡脖子"风险的关键部件、整机研制、基础性支撑技术、平台性技术的资金支持，加大对共性技术、颠覆性技术和面向生产过程科技的政策扶植，重视产业发展战略研

究，通过重大工程和重大科技专项，实现产业的战略布局。

三、将物联网用传感器作为战略新兴产业加以培育和发展

大力推动、引导工业互联网重大工程示范，带动智能仪器仪表和物联网用传感器的产业创新发展，以市场需求，倒逼传感器系统的进化和创新；以传感器特性的提升、进化，助推智能仪器仪表和工业互联网的更高端发展。解决仪器仪表行业主干产品智能化、网络化、可靠性、安全性等关键问题；完成一批高精度仪器仪表和新型传感器的自主设计、开发及产业化；实施技术创新、产品升级、产业和企业转型升级、产业化应用四大工程，面向重点行业和领域应用，大幅提升主要产品可靠性和稳定性。并利用经济杠杆研究物联网传感器发展的商业模式。

参 考 文 献

侯茂章.2010.基于全球价值链视角的地方产业集群国际化发展研究.北京：中国财政经济出版社：200

李扬,吴鸣,欧阳峥峥,等.2016.日本先进科学仪器国家资助计划政策及发展现状研究.科技促进发展,12(2)：196

潘云鹤.2016.人工智能走向2.0.工程,2(4)：409-413

人民网.2016.欧盟公布未来14年能源发展新规划草案.http://world.people.com.cn/n1/2016/1227/c1002-28980786.html [2016-12-27]

王雪,张莉.2017.中国仪器仪表工程科技2035发展趋势研究.中国工程科学,19(1)：103

岳蕾.2016.德国标准化战略对我国标准化改革的启示.电器工业,(9)：73-74

张建.2016.仪器仪表产业发展指标体系研究.天津：天津大学硕士学位论文：10

张铭.2017.计算机教育的科学研究和展望.计算机教育,(12)：5-10

张钟华,池金谷.2014.我国仪器仪表产业与技术发展战略思考.中国计量学院学报,25(1)：1

制造强国战略研究项目组.2016.制造强国战略研究·领域卷（二）.北京：电子工业出版社：456-486

附　录

中国工程科技 2035 发展战略研究
技术预见备选技术清单
——仪器仪表跨领域组

子领域名称	技术项目名称	技术方向描述
1.智能感知与人机交互	机器人皮肤	随着机器人应用领域的扩展，具有智能感知和安全的人机交互功能的服务和仿人机器人将面临巨大的市场需求。该类机器人要求具有能提供触觉、热觉、接近觉、滑觉等智能感知和人机交互信息的柔性人工皮肤。机器人人工皮肤智能感知系统研究涉及各类新型机器人传感器感知机理、多传感器阵列及模型、多传感器信息融合以及智能信息获取和处理系统。 　　技术关键词：机器人人工皮肤、机器人传感器、多传感器信息融合、智能信息获取和处理系统
	智能电子鼻与电子舌仪器	模仿生物体高灵敏和高特性的气体和液体检测功能，开发具有仿生功能的电子鼻与电子舌仪器及其在食品安全、环境污染以及医学疾病快速检测的带有智能移动终端的小型快速交互式仪器。 　　技术关键词：电子鼻、电子舌
	传感器融合感知技术	多传感器融合监测、分析、控制和交互将是未来智慧工厂和先进制造领域的尖端技术。开发针对振动、温度、压力、噪声、应变、图像等多参量的监测技术，结合物联网平台建立数据的采集、分析、自诊断、执行平台。重点开展以下几方面研究：①多传感器的融合检测技术；②数据融合分析技术；③平台自适应自诊断技术；④执行与反馈技术。该技术可广泛应用于土木工程及建筑、大型机械设备制造、航空航天、交通、能源与电力、石油化工等领域，在工业 4.0 和先进制造方面将发挥极大作用。 　　技术关键词：多传感器的融合检测技术、数据融合分析技术、平台自适应自诊断技术、执行与反馈技术

续表

子领域名称	技术项目名称	技术方向描述
1.智能感知与人机交互	坐标测量软件技术	坐标测量软件是坐标测量技术中的关键技术,我国在坐标测量软件研发方面缺乏积累,目前主要依赖国外技术和产品,制约了我国高端制造业的发展,甚至影响国家安全。针对简单几何外形,研究基于 CAD 模型的点位测量自动规划方法并开发相应软件、研究小圆弧／小球冠／短圆柱等几何特征的计算方法、开发基本几何特征的拟合及误差分析软件;针对复杂外形,研究基于 CAD 模型的扫描测量规划方法与软件、复杂曲面的误差分析方法与软件;研究面向装配的误差分析理论与方法;研究坐标测量软件标定方法,建立国家坐标测量软件认证体系。 技术关键词:坐标测量、测量规划、特征拟合、误差分析、装配、软件认证
2.传感器器件	多源自供电微功耗连续传感器	这种传感器可用于远程遥感采集,具备多种自供电方式,能够不依靠外电源,长期稳定地对温度、湿度、压力等物理参数实施连续监控的小型化的传感器。设备采用热电效应、光电效应以及获取化学能的方式,为石油野外勘探、铁道监测、环境监控等需要长期在外进行工作的探测器提供一定功率的能源,信息可以源源不断地通过无线方式进行回传,避免传统模式下供电维护或者线路维护的困扰。对于需要极端小型化和不需要连续工作的设备,也可以采取断续工作、断续供电等模式增加灵活性。 技术关键词:自供电、供电平台、传感器
	量子传感器	基于量子效应及相关原理、现象、技术等方面研究成果和技术,研究开发出可在常规环境下应用的新型传感器,希望能在传统的传感器应用环境下,在检测精度等方面取得突破;拓展应用于传统环境下的传感器的功能和应用环境,发现新原理、新结构,研究开发出可以探测量子尺度、量子效应及相关现象的新型传感器。 技术关键词:量子传感器、量子效应、量子尺度、测试精度
	石墨烯传感器	石墨烯是碳纳米材料家族新成员,拥有比硅压力传感器更优异的性能。在临近空间低压力应用场合,现有的压力传感器的敏感度和测量精度都不足以支持这种应用,而石墨烯压力传感器可以识别出微小应变,低压力时线性度好,灵敏度极高,应变范围大,受温度影响小,目前尚在探索和研究阶段,无实质进展,未来应向工程化应用进行研究,也为研究新型材料压力传感器提供思路。 技术关键词:石墨烯、传感器
	柔性传感器	可穿戴设备迅猛发展,新兴的以柔性敏感器件、柔性印刷电路板、柔性屏幕为代表构成的柔性传感器,将颠覆现有产品的形态和体验方式,对机器人、公共安全、个性化工业制造、医疗康复以及体育科研等领域产生革命性影响,具有重要的经济和社会价值。 技术关键词:可穿戴设备、柔性传感器
	航天用多维力传感器	航天用多维力传感器主要面向太空环境需求,解决在以下空间环境下力传感器研制关键技术问题:①真空环境;②高低温交错环境;③电磁兼容环境;④空间辐射环境。适用于太空环境的多维力传感器,针对太空环境特点,采用光电机械测量一体技术,探索高可靠性的多维力传感器加工工艺,着重落实在太空环境下的测试和数据分析工作,并以此为指导,研发出满足航天需求的多维力传感器。由于航天领域对发射重量十分敏感,对可靠性的要求高于对灵敏度的要求,这为空间操作多维力传感器的发展指明了方向。因此,空间操作多维力传感器发展方向必须是高可靠性、轻型化和高度机电一体化。 技术关键词:太空环境、多维力传感、光机电一体化

子领域 名称	技术项目 名称	技术方向描述
2. 传感器 器件	高速二维背 照射 CMOS 光电传感器	高灵敏度光电传感器是制约我国高性能光电仪器发展的瓶颈，需采用新一代集成电路工艺，研制具有极高效率的宽光谱二维背照射 CMOS 光电传感器，实现的关键技术指标：200～1100 nm 工作波长区，16～20 bit 片上高速 A/D 转换、>10 μm × 10 μm 像元尺寸、>2000 像元 × 2000 像元密度、>20 帧/s 图像传输速率、<1 电子噪声 / 像元（室温）。从根本上克服我国高端仪器级光电传感器芯片长期受限于国际市场的困难局面。 技术关键词：光电传感、CMOS
	高分辨率雷 达卫星传 感器	高分辨率雷达卫星遥感在国土、水利、农业、林业、海洋、地质与矿产、灾害与测绘、环境、军事等领域具有广阔的应用前景，特别是在灾害应急监测、地表覆盖实时监测、海洋监测、地壳位移与地表沉降监测等领域效果突出。雷达卫星遥感具有全天候、全天时、多模式、多极化等技术优势，是对传统光学遥感的补充和延伸，在卫星遥感对地观测技术体系中占据越来越重要的地位。目前，我国尚无民用雷达卫星数据，有必要开展这一领域的研究，研制分辨率达到亚米（分米）级别的雷达卫星遥感传感器。 技术关键词：高分辨率、雷达遥感卫星、传感器
3. 无损、 快速检验 检测系统	太赫兹检测 仪器	太赫兹波是位于红外线与微波之间的电磁辐射波，其能量比 X 射线低三个数量级，因此不会使生物组织产生任何破坏，是一种真正意义上的无损检测技术。太赫兹光谱、成像仪器在食品安全监测、药品分析、临床检测、油气分析、医疗分析、化妆品、违禁品、食品添加剂、大气与空间环境监测等领域有广阔的应用前景。 技术关键词：太赫兹、无损检测
	材料新型无 损检测技术	可视化漏磁无损检测技术、全场散斑光学无损检测技术、附着力无损检测技术等新型材料无损检测技术，在航空航天、船舶、兵器、车辆、汽车、风电、核电等材料和重型机械等各领域均有广泛的应用需求，但高端仪器仍为西方少数发达国家所垄断。为追赶国际先进水平，应提高我国在无损检测领域的地位和影响力，从系统建模与优化、数据处理分析、激励改进等方面开展可视化检测技术研究，研制相关的仪器设备。 技术关键词：漏磁检测、散斑光学无损检测技术、附着力无损检测、可视化
	基于移动互 联的手持式 微型检测 仪器	小型分析仪器可实现手持式检测，为快速在线检测检验提供了硬件基础。随着移动互联的发展，将其同手机相连，作为手机上的分析传感器，并通过互联网进行远程数据分析和大数据管理，从而将手机变成便携、移动、分布式的迷你分析仪器，通过大数据和云计算实现快速而精确的数据分析，其意义不单纯是实现了快速在线检测，而且必将形成一种新的安全监控和检验模式，在人类生产、生活的广泛领域内开辟了无穷的想象空间。这一方向需要对分析仪器的小型化、数据标准、互联传输标准、数据库平台等方面进行提前布局，通过标准强化和指导快速检测技术领域的发展，以保障制造、加工企业质量安全，并形成我国自有的技术壁垒，具有重要战略意义。 技术关键词：手持式检测、快速检测、分析传感器、移动互联、互联网 ＋

续表

子领域名称	技术项目名称	技术方向描述
3. 无损、快速检验检测系统	超声相控阵、超声波衍射时差法（TOFD）和电磁超声组合无损检测技术	超声相控阵技术通过对超声阵列换能器各阵元进行相位控制，能获得灵活可控的合成波束，进行动态聚焦、成像检测，提高检测灵敏度、分辨力和信噪比。通过对超声相控阵技术的研究，形成多个角度的声束并形成聚焦声束检测，能实现动态聚焦和复杂几何结构的工件检测及超声成像检测。可以说，相控阵技术是实现超声成像技术的最佳方案。主要实现：①相控阵 P 扫描检测，对缺陷定性，多通道、声聚焦检测，相控阵技术与 TOFD 技术、电磁超声组合检测，形成非接触式在线实时检测；②超声相控阵检测自动设置，自动校准，对检测温度自动跟踪及校准修正，对衰减自动补偿；③横向裂纹的检测，对检测结果自动分析及定量。 技术关键词：超声相控阵、电磁超声、多通道、动态聚焦
	基于化学多维校正的高阶化学传感技术	现代分析仪器的先进智能化功能很多是以化学计量学为指导并通过自动化及计算机技术加以实现的。高阶化学传感技术与化学多维校正相结合，现代分析仪器与现代化学计量学方法相结合，可用于食品（农药残留）、环境、生物、医学等分析领域组分的快速定量分析，可充分提取、利用相关化学信息，大大简化预处理及分析操作步骤，省时、省力，同时，从实际效果上，提高了分析方法的灵敏度和选择性，降低了检测下限，提高了抗干扰能力，从而增强了分析手段的威力。 技术关键词：化学计量学、化学多维校正、化学传感
	基于"数字分离"的各类系列定量分析仪器	数字分离代替化学或物理分离；增强系列分析仪器。目标：简化分析预处理步骤，省力、省钱、高效、绿色、准确、同时、快速、动态的多目标物直接定量分析，适用于复杂体系目标物的直接快速、同时定量。可创新定量分析思路及方法，引领分析量测革命性变革。 技术关键词：数字分离、数字色谱、三维荧光二阶校正定量法、复杂体系目标物直接快速准确定量
4. 科学仪器	极端环境条件下的质谱分析技术	质谱仪器作为分子定性定量的唯一确证检测，检测速度快、精确度好，已经在广泛的检测领域中获得越来越重要的地位。但其对操作环境要求高，使其在极端环境和尺度中无法发挥应有的作用。当前可预见未来人类将持续加强海、天、地下环境和资源的探索，各种高端分析仪器在极端环境条件下进行应用是必然需求，质谱仪器将发挥巨大作用。发展在强电场、强磁场、强辐射、高温、高压力、高速度、强振动、强噪声等极端条件下的质谱测量技术将是高端科学仪器发展的方向，是我国在海、天、地下领域深度开发和占据有利地位必要的技术支撑之一。 技术关键词：质谱、极端环境感知、极端条件测量
	基于微流控芯片的痕量检测技术	集成流路技术的不断发展，极大地促进了微量生物分子精准定量检测技术的发展。正如大规模集成电路带来电子学革命，大规模集成流路芯片可能带来生命科学革命。对低至 1 个到几百个分子每百微升的痕量生物分子精准定量检测是重大科学难题，应开展基于集成流路芯片的痕量生物分子精确定位技术及智能检测仪器研究，研制具有单分子检测下限和灵敏度的生物分子精准定量智能检测仪器，突破传统生物分子定量方法的检测极限，其同时具有准确性高、特异性强等优点，可为生命科学、医学的深入研究提供更为精准的方法和仪器，是精准医疗的基础。 技术关键词：微流控技术、集成流路、精准定量、生物分子计数

续表

子领域 名称	技术项目 名称	技术方向描述
4.科学 仪器	高通量单细 胞测序技术	单细胞测序技术是科技发展史上的一大创举。为什么要进行单细胞研究？这主要是因为如果将成千上万个细胞混在一起进行研究，就会模糊人们对大脑、血液系统、免疫系统，以及组成这些系统的细胞之间异质性（heterogeneity）的认识，当研究深入单细胞层面时，就会失去对整个系统的把控。但是，如果能够从整个系统中挑选多个不同的单细胞进行研究，则可以重建出整个系统，而且这种重建过程能够提供更多、更有价值的信息。因此，开发高通量单细胞测序技术是进行该领域研究的重要工具，会成为下个十年的研究热点。 　　技术关键词：高通量、单细胞测序技术、微液滴
	超快脉冲电 子衍射系统	科学界一直梦想着能够观测到原子实时的运动过程。然而，长期以来，人们可以"捕捉"静态原子的影像，而对于快速运动的原子则无能为力。例如，常见的化学反应需要100飞秒到几皮秒的时间尺度来完成。高清透射电子显微镜或者原子力显微镜只能拍到原子在反应前和反应后的静态图像。在100飞秒到几皮秒这一关键时间尺度，这些设备由于不具有时间分辨的能力，而得不到化学反应中原子所处的状态。超快电子衍射系统可以解决这一科学问题，其中最新一代系统的时间分辨能力甚至可以达到几百阿秒。 　　技术关键词：超快电子脉冲、电子衍射、飞秒激光、光延迟线
	高分辨显微 立体成像 技术	探索高分辨立体显微成像与微区光谱分析一体化系统的研发与实用，为特殊样品（如涡轮发动机合金叶片、肿瘤等）的特殊部位、取样点的元素成分、分子结构做出实时、无损分析，给出立体分布变化信息提供手段。例如，高分辨显微立体成像系统、微区光谱分析系统的研发，系统间信号的无损、无畸变光学传输，光电和光谱信息快速处理，立体微区信息选择、显示、绘图、输出、保存等。 　　技术关键词：高分辨显微立体成像系统、微区光谱分析系统
	超分辨光学 立体成像与 计量技术	超分辨光学立体成像与计量技术，主要涉及共焦扫描立体测量技术，解决微纳器件（MEMS器件和微光学器件等）表面超衍射极限分辨力的几何形貌参数测量与计量；表面粗糙度测量与计量；材料表面耐磨性能分析；机械加工表面特性分析等。超分辨立体显微计量的发展重点为超分辨共焦显微立体测量技术、宽场显微立体成像与计量技术、自由曲面成像技术、微光学器件结构测量、远场超分辨荧光显微成像技术、数字全息显微成像技术。 　　技术关键词：超分辨成像、立体显微、微结构几何参数、计量
	超高曲率光 学表面面形 及大口径特 种光学面形 测量技术	超高曲率光学表现面形测量技术可用于解决倾斜表面、曲面、多功能表面，特别是大曲率和超高曲率（局部倾斜角度达到90°）面形测量与量值溯源，以及宏观尺度光学元件的面形计量，如精密光学头罩、多面棱镜、微透镜、离轴反射镜、曲面折衍混合镜、多功能表面等。研究重点包括弱信号探测技术、光学空间相干成像技术、条纹分析技术、大面积介质均化沉积技术、新型发光物质合成技术等。该技术的潜在意义在于，通过突破异性光学零件的测量瓶颈，获得零件加工技术进步，以零部件先进加工技术的复杂化发展为光学系统设计与应用提供更多的自由度，从而推动光学系统小型化、集成化等的进步及光电系统综合应用创新。 　　技术关键词：超高曲率、光学自由表面、多功能表面、微结构表面、面形测量、非线性、定向散射

续表

子领域名称	技术项目名称	技术方向描述
4. 科学仪器	高精度超短脉冲激光测量仪器	采用固体泵浦技术皮秒激光器可用于超远距离、超高精度的距离测量。其采用锁模器件——半导体可饱和吸收镜（SESAM），输出超短脉冲宽度的锁模光；通过腔外倍频技术产生 532 nm 的千赫兹皮秒激光输出；稳定激光输出保证远距离测量的精准性和可靠性。其主要应用在航天领域里空间飞行器的位置控制与测量。它是整套测控系统中的核心器件，起着至关重要的作用。主要实现：①kHz 532 nm @1.5 mJ 激光输出；②功率稳定性大于 1% 且使用寿命大于 4000 h；③具有远程诊断、智能反馈与控制功能。 技术关键词：皮秒激光器、距离测量
5. 医疗仪器	人类白细胞抗原（HLA）型别以及 HLA 抗体快速检测技术	在未来相当一段时间内，移植（包括造血干细胞移植和器官移植）仍然是治疗各种恶性血液病、肿瘤以及器官衰竭的重要，甚至唯一手段。移植前供者和患者 HLA 基因分型和 HLA 抗体检测是选择合适供者以保证最佳治疗效果的必要项目。目前无论是 HLA 基因分型还是抗体检测技术都需要 2～3 天才能出结果，而且需要 3～5 ml 外周血。而在实际移植过程中，尤其是器官移植，供者往往是意外死亡人员（如车祸）或者重症监护患者，需要在最短时间内确定合适的捐献对象，因此急需能够在数小时内完成 HLA 基因分型和抗体检测的快速诊断技术，同时数据应能够与骨髓库或者器官库等中央数据库实时对接，完成器官的合理与快速分配。解决上述问题需要先进的综合技术与数据积累，而非单项技术，可能包括中国人群 HLA 抗原库建立、海量数据存储、新一代基因测序技术、快速抗体检测技术、互联网远程数据分析等。 技术关键词：人类白细胞抗原、移植、基因检测、抗体检测、抗原库、数据库
	分子光谱肿瘤临床医学诊断技术	肿瘤发生早期，病灶构成主要物质，如蛋白质、脂类、碳水化合物和核酸等，在结构、构象和含量上已发生了明显的变化，但在病变形态学上并未产生特异性的临床症状和影像学改变，使用传统诊断方法无法进行肿瘤早期诊断。该技术采用能够从分子水平上反映组织细胞组成与结构变化的分子光谱，检测细胞的物质组成、结构域构象变化等"生化指纹"，结合多元分析和互联网技术，实现肿瘤早期临床诊断以及术中肿瘤诊断。该技术包括肿瘤光谱采集、特征提取、肿瘤光谱数据库共享等方法和实现分子光谱肿瘤诊断系统工程技术。 技术关键词：肿瘤早期诊断、分子光谱、多元分析、介入医学诊断
	高通量全集成基因检测技术	基因检测技术发展迅速，近年来在疾病风险评估、疾病诊断、个体化医疗、身份鉴定、食品安全等领域的应用呈现飞跃式发展，其更快、更准、更灵敏的检测性能带来的社会效益巨大。我国把基因检测技术用于临床检验方面的规模和水平处于世界前列。目前，基因检测更大规模推广使用的瓶颈在于样品交叉污染风险和样品前处理复杂，国家应重点支持基于一次性全集成芯片的全集成基因检测系统，实现样品进、结果出的全自动流程。 技术关键词：全集成基因检测系统、基因检测
	X 射线光学断层成像技术	对比现有的光学分子成像技术，X 射线光学断层成像技术同时拥有高的成像空间分辨率、成像深度以及成像灵敏度，这将有助于其更好地服务于生物医学，特别是临床医学研究。目前，世界范围内特别是国内，仅有少数实验室构建了 X 射线光学断层成像平台，且成像的时间分辨率、空间分辨率等能力均有限，急需研制具有我国自主知识产权的高性能 X 射线光学断层成像系统，并与分子探针技术联合，应用于疾病的早期检测、诊断以及治疗。 技术关键词：X 射线、光学、断层成像

续表

子领域 名称	技术项目 名称	技术方向描述
6. MEMS 技术	高可信度 MEMS系统 级仿真与设 计软件	目前MEMS已开始从功能单一的微器件向由微机械和接口电路等构成的复杂集成微系统方向发展，而且MEMS微系统中的机、热、电磁等多物理场耦合效应很强，信号处理及控制电路也对MEMS器件有很强影响，这都对MEMS仿真与设计提出了极大的挑战。系统级仿真分析对MEMS优化设计的重要性突显，但MEMS加工工艺仍无法进行有效的仿真模拟，加工结果与设计目标相去甚远，这一制约MEMS研究与产业发展的瓶颈亟待突破。随着MEMS科技的飞速发展，特别是设计理论和加工工艺的进步，到2035年将开发出可信度极高的MEMS专用一体化仿真设计软件，实现对设计与加工工艺的精准仿真，保证加工结果的可预见性，解决无法进行快速、精确的MEMS系统级建模仿真这一难题。 技术关键词：MEMS、多物理场耦合、系统级仿真设计、高可信度
	复杂三维微 结构与纳米 功能单元的 集成制造	批量化制造三维或者准三维的可动微结构是MEMS的典型代表技术，也是搭建微小尺度MEMS器件与微系统的基础。与集成电路只包括平面晶体管和金属互连不同，MEMS器件包含大量复杂的三维结构及可动结构，其制造对材料、设计、工艺、封装、测试和可靠性都提出了更大的挑战。NEMS指将一种或多种特征尺寸在纳米量级（1～100nm）的纳米结构及其接口电路、信号处理电路等集成并实现相关功能，是实现纳米器件、系统的基础。随着微米纳米技术的飞速发展，与纳米技术结合的MEMS器件及微系统已经显示出无法估量的潜力和应用前景。作为实现手段，复杂三维MEMS微结构与纳米功能单元的集成制造技术非常重要，并将成为芯片、微系统规模化生产的配套技术。 技术关键词：复杂三维微结构、纳米功能单元、MEMS、集成制造
	MEMS单片 集成工艺与 IC工艺高度 融合	随着MEMS技术和微电子IC技术的不断发展，MEMS制造技术与IC工艺越来越兼容，可以实现微传感器、执行器和集成电路单片集成，即把MEMS结构和CMOS电路做在同一块衬底芯片上。MEMS单片集成制造是指在CMOS等IC生产过程中插入一些MEMS工艺来实现单片集成MEMS，可以有效解决机械结构（三维结构）和电路结构（二维结构）的单片集成电路问题。随着技术的不断进步，MEMS单片集成工艺与IC工艺将实现高度融合，许多MEMS单片集成工艺可以无缝隙地嵌入IC制造工艺流程中，使得未来的集成电路除了具有电路处理功能外，还具有信息获取和执行等功能。 技术关键词：CMOS兼容、MEMS微纳加工工艺、单片集成
	面向微流控 结构与系统 的大规模 MEMS制造 技术	生命科学及MEMS微流控系统是未来MEMS应用的重要方向。面对巨大的应用市场需求，开发标准化、可快速大规模加工的微流控结构器件与系统制造技术十分关键。通过大面积印刷制造、3D打印等制造技术，可实现器件的快速跨尺度一体化制造，从而实现大规模、低成本、快速的目的。基于该技术制造的微流控结构器件，可广泛应用于对复杂流场有较高要求的外蒙皮制造、对狭小空间散热有很高要求的高功率芯片封装制造，以及对野外检测便携性和可抛弃性有较高需求的生化检测器件制造等一系列对成本有较高要求的场合；根据加工需求不同可在10天之内完成生产柔性转化；可实现100 mm尺度3D宏观结构与10 μm尺度3D微观结构的快速共成型。 技术关键词：微流控、大规模、低成本、跨尺度一体化制造

续表

子领域 名称	技术项目 名称	技术方向描述
6. MEMS 技术	MEMS 柔性衬底制造技术	智能化、便携式是未来信息系统发展的重要方向。智能化就需要感知外界信息,无论是物联网、机器人还是工业 4.0,都需要大量的传感器来感知外界信息。便携式就需要携带方便,目前的便携产品还是以放在口袋为主,未来将会向可穿戴方向发展,携带更为方便。可穿戴就需要产品是柔性的,不仅可以弯曲,最好还能折叠,这就需要将产品制造在柔性衬底上。因此,可以将处理电路、信息获取和执行等系统集成在柔性衬底上的制造技术显得非常重要。随着人们对此项技术的不断投入,MEMS 柔性衬底制造技术将会实现大规模应用。 技术关键词:便携式、柔性衬底、可穿戴 MEMS
	MEMS 三维叠层封装技术	MEMS 三维叠层封装是在传统二维集成封装的基础上,进一步向垂直方向发展,将多层平面芯片堆叠,并通过硅通孔(through-silicon-via, TSV)等互联技术实现高密度的系统级集成。三维集成封装将模块化的 MEMS 敏感或执行器件、IC 器件、RF 器件、微能源器件等功能模块分属于不同层面,通过内连线进行三维立体化集成,同时具有保护芯片和光机电接口等功能。实现三维集成封装,可使 MEMS 器件的功能密度更高、连线更短、寄生电阻和电容更小、信号传输速度更高、功耗更低、体积和质量更小,同时性能更优、可靠性更高、混合集成和模块化程度更高。随着技术的发展,MEMS 三维叠层封装技术将将成为低成本流行的封装技术,促使 MEMS 发生根本性改变,功能大幅度提升,成本大幅度下降。 技术关键词:三维集成封装、硅通孔、重布线、凸点、多芯片封装 MCM
	MEMS 专用集成电路(ASIC)	一直以来,ASIC 都在 MEMS 器件中占据举足轻重的作用,其成本占据 MEMS 系统的 1/3 左右。随着 MEMS 芯片尺度的缩小、信号的减弱和功能的增强,MEMS 器件对与之集成的 ASIC 提出了较以往更高的要求。首先,随着 MEMS 芯片的减小和信号的减弱,需要更高灵敏度的 ASIC 技术来进行信号调理。此外,由于器件功能日趋复杂,同样需要更为先进的 MEMS 集成 ASIC 技术。MEMS-ASIC 混合仿真技术的关键有两方面:① MEMS 技术工艺和 ASIC 工艺的兼容性;② MEMS-ASIC 混合仿真技术的实现手段。目前尚缺乏可用的 MEMS-ASIC 联用的仿真技术手段,特别是由于 MEMS 工艺会影响 ASIC 标准工艺的进行,进行网表级仿真时也需要专用工艺文件支持。 技术关键词:ASIC 工艺兼容性、ASIC 设计技术、ASIC 集成技术、MEMS-ASIC 多物理场混合仿真
	恶劣环境 MEMS 器件	现代装备制造业的迅速发展使相关重要装备朝着大型化、复杂化和极端化的方向发展,这直接导致了部分重要大型机电设备工况监测环境进一步恶劣。极端恶劣的环境条件一般为:温度 800~1800 ℃;酸碱环境(4<pH<10);压力超过 300 个标准大气压;冲击接近 50 000 g;此外,某些实时监测是针对旋转部件、密闭腔、易燃、易爆、辐射等特殊环境。一方面,恶劣环境对传统的硅基 MEMS 器件提出了严峻挑战;另一方面,这些领域又迫切需要 MEMS 器件以帮助其实现智能化、小型化。因此,研究恶劣环境下 MEMS 器件的环境适应性技术,使 MEMS 器件在恶劣环境下能够正常工作,显得尤为重要。到 2035 年,恶劣环境 MEMS 器件在燃气轮机、喷气发动机、坦克和舰船发动机、风洞、航天器、核反应堆、油井等领域,将发挥重要的作用。 技术关键词:恶劣环境、MEMS 器件、环境适应性

续表

子领域名称	技术项目名称	技术方向描述
6. MEMS技术	MEMS器件的自检测、自校正技术	MEMS器件的可靠性是制约MEMS技术走向应用的瓶颈。在实际工作中，MEMS器件的可靠性不可避免地受到自身性能漂移和工作环境变化的影响。在有长时间稳定工作需求或部署后难以检修的应用场合中，MEMS器件的自检测和自校正技术有着至关重要的作用。MEMS自检测、自校正技术包括如何在高度集成化的MEMS器件中实现对自身状态的监测，对器件异常来源的辨别，以及失常后自校准。要实现MEMS自检测、自校正，需要解决MEMS自检激励的产生与标定、MEMS器件异常检测、MEMS异常自我修复这几大关键问题。到2035年，超过50%的MEMS器件均具备自检测、自校正能力，其工作效能得到大幅提高。 技术关键词：MEMS自检激励、MEMS器件异常自检、MEMS器件异常恢复
	可穿戴、植入式人体参数连续监测系统融入日常生活	人们对健康的要求越来越高，需要对自身的人体参数进行连续监测：通过监测运动中的人体参数，可以优化出最佳的锻炼方式；通过监测人体的各种营养参数，可以优化出合适的饮食结构；通过监测人体的疾病参数，可以优化出合理的治疗方案等。为了满足这一需求，人们通过发展生物相容的柔性MEMS制造技术，将人体参数检测传感器、处理分析系统和通信系统等集成在柔性生物衬底上，开发出廉价的可穿戴、植入式人体参数连续监测系统，可以进行各种人体参数的连续监测，并能对数据进行分析，对应用者给出合理的建议，提高人类的健康水平。到2035年，可穿戴、植入式人体参数监测系统将如创可贴一样廉价、普及。 技术关键词：生物相容性、柔性MEMS、生物传感器、人体参数
	芯片级核电站在实验室中得到实现	通过纳米催化辅助的微型核反应装置以及MEMS热电器件构成的自持式核热发电MEMS微系统，纳米催化反应器辅助核反应释放出来的热量会在热电MEMS器件上下表面产生温差，利用这一温差，核反应释放的热能转化为电能。当前，纳米催化辅助核反应主要是通过电解重水的方式实现，由于核反应释放出的能量远大于电解消耗的能量，只要确保最终的能量增益大于1，并将部分电能传输回核反应系统就可以实现自持发电，源源不断地输出能量。目前纳米催化辅助核反应的实验，已经多次展示能够可控地产生超过普通化学反应的热能；而且在实验室中已能够在热电MEMS器件上建立稳定温差并且持续发电。随着微米纳米技术的快速发展，到2035年结合可控核反应与热电MEMS器件的自持式核热发电MEMS微系统将能够在实验室条件下产生持续的电能，将从根本上改变人类能源的利用方式。 技术关键词：纳米辅助核反应、微米纳米技术、MEMS温差热电器件

续表

子领域名称	技术项目名称	技术方向描述
6. MEMS 技术	MEMS 可靠性技术	随着 MEMS 技术的快速发展，MEMS 可靠性技术作为 MEMS 器件商品化过程中的关键技术，引起了人们越来越多的关注。实际应用中的 MEMS 器件，在系统中起着非常关键的作用，它的失效将对系统造成巨大损失，因此非常有必要对其进行深入研究。MEMS 可靠性技术是一门全新的技术，需要对 MEMS 器件失效机制进行透彻、深刻的理解。它的核心在于确定失效模式和失效机制，首先设计测试结构进行可靠性实验，对出现的结果进行统计、分析和总结，以确定失效模式，其次在对这些失效模式科学理解的基础上提出可靠性预测模型。MEMS 器件的失效机理涉及力、热、声、光、磁等多个方面，其可靠性问题并不是电学可靠性、材料可靠性和机械可靠性的简单组合，需要进行综合考虑。目前 MEMS 可靠性技术的研究，需要在以下几个方面进行开展：可靠性实验方法研究、寿命评估理论研究、存储和使用可靠性研究。到 2035 年，MEMS 器件的可靠性体系将完善，并形成完备的标准、规范供从业人员使用。 技术关键词：失效模式、可靠性实验、可靠性预测模型
	MEMS 测试与标准化技术	MEMS 测试技术的层次主要分为圆片级测试、管芯级测试和器件级测试。所有 MEMS 器件在出厂时都需要完成相应的力学、电学测试，从而保证其性能以及使用的可靠度。目前的 MEMS 测试技术大多会对 MEMS 器件本身造成不可逆的损伤，因此基于动态加载和光学的非接触无损测量技术是具有前途的理想测试手段。动态加载主要包括静电、声波、压电、光、热等方式，光学测试方法有激光多普勒、光学干涉仪、微视觉等。同时由于 MEMS 结构的机械特性目前没有统一的标准，具有多种测试方法，MEMS 器件的批量生产，需要测试方法的标准化和测试数据的共享，同时 MEMS 技术本身的标准化技术也是 MEMS 产业化技术发展过程中必经的和至关重要的环节。到 2035 年，MEMS 行业与微电子 IC 行业深度融合，会形成成熟的产业链。 技术关键词：非接触测试技术、动态加载、标准化测试、数据共享

关键词索引